我们爱科学 精品书系

奇幻雨林

雨林怪侠

YULIN GUAIXIA

叶军／著

中国少年儿童新闻出版总社
中国少年儿童出版社
北 京

图书在版编目（CIP）数据

雨林怪侠 / 叶军著 . -- 北京 : 中国少年儿童出版社 , 2018.6

(《我们爱科学》精品书系 · 奇幻雨林)

ISBN 978-7-5148-4729-1

Ⅰ . ①雨… Ⅱ . ①叶… Ⅲ . ①热带雨林 – 少儿读物 Ⅳ . ① P941.1-49

中国版本图书馆 CIP 数据核字（2018）第 100712 号

YULIN GUAIXIA

(《我们爱科学》精品书系 · 奇幻雨林)

出版发行：中国少年儿童新闻出版总社
中国少年儿童出版社

出 版 人：李学谦

执行出版人：赵恒峰

策划、主编：毛红强　　著：叶 军

责任编辑：李 伟　　封面设计：缪 惟

插 图：图德艺术　　版式设计：黄 超

责任印务：厉 静

社 址：北京市朝阳区建国门外大街丙 12 号　　邮政编码：100022

总 编 室：010-57526070　　传 真：010-57526075

编 辑 部：010-57350016/57350164　　发 行 部：010-57526608

网 址：www. ccppg. cn

电子邮箱：zbs@ccppg. com. cn

印刷：北京盛通印刷股份有限公司

开本：720mm × 1000mm　1/16　　印张：9

2018 年 6 月第 1 版　　2018 年 6 月北京第 1 次印刷

字数：200 千字　　印数：30000 册

ISBN 978-7-5148-4729-1　　定价：30.00 元

作者的话

小朋友，你的梦想是什么？我小时候的梦想是成为一名动物学家，到雨林里观察动物。可惜，这个梦想到现在都没有实现。

我小时候还很喜欢看少儿科普读物，长大了依然喜欢。结果现在你猜怎么着？嘿嘿，我成了一名少儿科普作者。对我来说，创作出好玩、有趣、吸引小朋友的科普作品，是一件十分开心的事。如果小朋友们能通过这套“奇幻雨林”丛书，了解到一些雨林的知识，从而喜欢上雨林，为保护雨林做些力所能及的事，那我就更加开心了。

非常感谢《我们爱科学》编辑部给我这次创作机会，编辑们给了我极大的信任和创作空间，使我完成了整套书的创作。创作的过程虽然紧张、辛苦，却也有乐趣。为了创作这套书，我搜集和翻阅了大量有关雨林的书籍和资料。在创作的那段日子里，我几乎整天沉浸在雨林的世界里，一会儿和动物对话，一会儿又化身为雨林里的某种植物，那种感觉真的很奇妙！

小朋友们也许不知道，雨林与我们人类的生活和生存密不可分，雨林能产生大量氧气，净化地球空气。雨林被称为“世界最大的药厂”，因为大量天然药物或药物的原材料都可以在那里找到。雨林虽然只覆盖着地球6%的土地，却容纳了地球一半以上的动物和植物品种。

翻开“奇幻雨林”丛书，你将会看到雨林里发生的各种奇妙事情：绿天棚城区的阳光浴场里为什么会出现“恐龙”？什么动植物喜欢上夜班？雨林里的聪明植物为了生存，都有哪些妙招？雨林里都有哪些本领高强的酷虫？雨季雨林中的枯叶妖怪是怎么回事？我们吃的巧克力和住在雨林里的可可树有什么关系？……

现在，你已经迫不及待地想去寻找这些答案了吧？那就赶快往下翻，和小豆丁一起倾听雨林的故事吧！

你的大朋友：叶军

2018年5月

目录

雨林怪侠

第五天，小豆丁如约来到书房。

“晚上好，故事书！我来啦！”

“晚上好，小豆丁。你连着听了几天的故事，对雨林应该有了一些了解，今天该让你亲自去故事书里体验一下了！”

“你是说……让我钻进故事书里？”小豆丁又惊又喜。

“是啊！我觉得这样比我给你讲故事有趣多了，你愿不愿意啊？”

“当然愿意！不过……”小豆丁兴奋地使劲点了点头，心里却有点儿忐（tǎn）忑（tè）。因为他不知道在故事书里自己将会遇到什么。

“不用担心，你不会有危险的。故事书里的所有角色都认识你，它们不会伤害你。我给你讲故事时，它们都躲在书里偷偷看你，早就盼着你去认识它们呢！当然，如果万一遇到什么事，你想从故事书里出来，拍一下手就可以了。”故事书解释道。

“太棒了！什么时候开始？”小豆丁有些迫不及待了。

“你先来看一遍酷虫故事的目录吧。过一会儿，酷虫们会按这个顺序出场。”故事书往后翻了一页。

“好了好了，我看完了。”小豆丁匆匆扫了一眼目录就催促道。他想马上就钻进故事书里。

“好，你进来吧！”

忽然，一道柔和的绿光从书里射出来，照在小豆丁身上。小豆丁只觉得自己的身体越来越小，然后，嗖的一下就被这道绿光吸到了书里……

狼蛛太太找宝贝

等小豆丁缓过神来，他发现自己已经在幽静的雨林里了。一只比小豆丁还要高的大蜘蛛出现在小豆丁面前。

这只大蜘蛛是狼蛛太太。它长着八条毛茸茸的大长腿，身

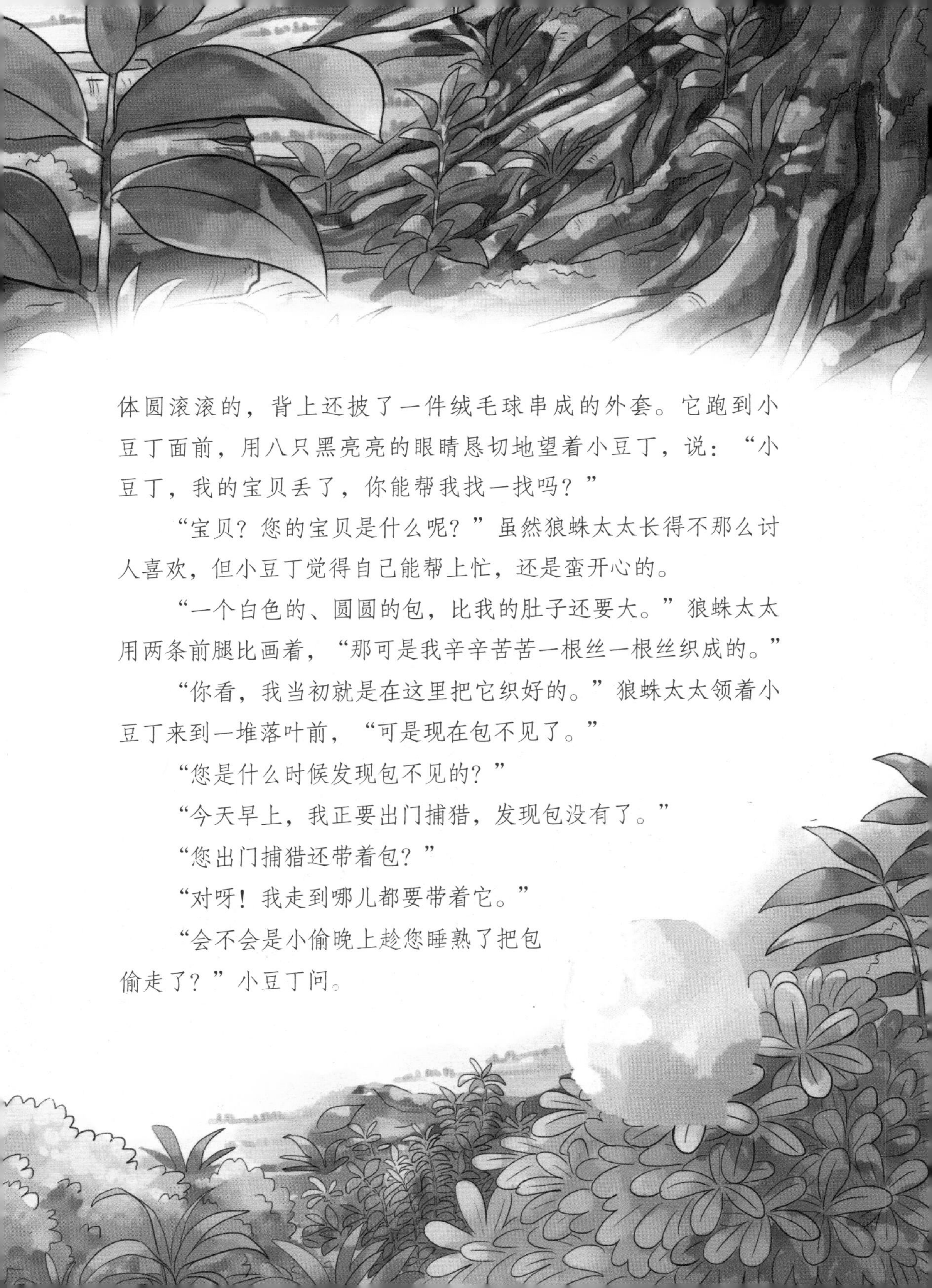

体圆滚滚的，背上还披了一件绒毛球串成的外套。它跑到小豆丁面前，用八只黑亮亮的眼睛恳切地望着小豆丁，说：“小豆丁，我的宝贝丢了，你能帮我找一找吗？”

“宝贝？您的宝贝是什么呢？”虽然狼蛛太太长得不那么讨人喜欢，但小豆丁觉得自己能帮上忙，还是蛮开心的。

“一个白色的、圆圆的包，比我的肚子还要大。”狼蛛太太用两条前腿比画着，“那可是我辛辛苦苦一根丝一根丝织成的。”

“你看，我当初就是在这里把它织好的。”狼蛛太太领着小豆丁来到一堆落叶前，“可是现在包不见了。”

“您是什么时候发现包不见的？”

“今天早上，我正要出门捕猎，发现包没有了。”

“您出门捕猎还带着包？”

“对呀！我走到哪儿都要带着它。”

“会不会是小偷晚上趁您睡熟了把包偷走了？”小豆丁问。

“不可能！”狼蛛太太十分肯定地回答道，“你看我的毒牙，它的威力在动物界可是出了名的，谁敢到我家偷东西。”

“那您还记得昨天都去过哪里吗？”小豆丁又问。

“让我想想……我昨天早上抱着包从洞里出来。捕猎时，包也在我身边。中午，我还举着包晒了一会儿太阳。后来，我就睡着了，再后来我就回家了。直到今天早上，我准备出门时才发现包不见了。怎么办啊？包里面

可装着我的宝贝呢！”狼蛛太太伤心地说。

“您别着急，您再想想，昨天您是在哪儿睡的午觉？”

“就在那根灌木枝上。”狼蛛太太甩开八条腿向前跑去，小豆丁也跟了过去。到了灌木枝上，狼蛛太太惊喜地大叫：“哈哈，这不是我的包吗？”可是，不一会儿狼蛛太太又哭了起来，“呜呜呜……包上有个洞洞，里面的宝贝没有了！”

小豆丁看着狼蛛太太伤心的样子，关心地问：“您的包里装的是什么呀？”

“是我的卵宝宝！我和先生结婚后不久就产下了这些宝宝。我怕它们受到伤害，就织了一个很结实、能防水的包，把宝宝们装在里面。我整天把它们带在身边，和它们说话，让它们多晒太阳，就等着它们孵化呢。小狼蛛一出来，我就会让它们爬到我的背上，带着它们周游世界。可是，现在它们都不见了……”狼蛛太太边说边抽泣，身子一抖一抖的，没有察觉一个小绒毛球正拖着一根长长的丝，从它的背上飘下来。

“狼蛛太太，您的绒毛球外套开线了，一个线头掉到地上了。”小豆丁同情地看着狼蛛太太，不知如何安慰它。

“绒毛球外套？”狼蛛太太露出疑惑的表情。可是，当它看到地上的小绒毛球时，瞬间破涕为笑，对着那个小绒毛球说起话来：“我的宝贝，可找到你们了！淘气的家伙儿，快点儿自己爬上来吧。”

好神奇啊，那个小绒毛球竟然听懂了狼蛛太太的话，乖乖地顺着狼蛛太太的细长腿爬到了背上。

小豆丁走到狼蛛太太跟前，揉了揉眼睛仔细一看，那哪是什么小绒毛球呀，是好多的小狼蛛趴在狼蛛太太的背上。它们只有大米粒那么大，圆圆的身体几乎是透明的，八条细长的小腿像绒毛一般。它们一个挨一个用丝把自己绑在妈妈背上，就像狼蛛太太穿了一件绒毛球外套。

“我想起来了！昨天中午，我的宝贝们就从包里孵化出来了。后来我睡着了，醒来后就不知不觉把它们背回了家。可是，今早醒来我竟然把这事忘得一干二净。”狼蛛太太很不好意思地对小豆丁说。然后，它又假装生气地对小狼蛛们说：“都怪你们这些小淘气不早点儿醒，害得妈妈找了你们大半天！”

“早上好，妈妈！早上好，小豆丁！”越来越多的小狼蛛醒来了。

“好了，宝贝们，咱们该去晒太阳啦。”狼蛛太太接着对小豆丁说，“小豆丁，独角仙公主马上就会来找你，它想让你去当裁判呢。”说完，狼蛛太太背着它的宝宝们离开了。

凶猛的好妈妈

狼蛛是狼蛛科动物的统称，全世界有2500多种。它们行动敏捷，非常凶猛，因此有“冷面杀手”的称号。它们长着八只眼睛，排成三排。它们依靠出色的视力、敏锐的触觉捕食各种昆虫。在非常饥饿的时候，它们也会吃同类。有的狼蛛毒性很强，能毒死一只麻雀，大的狼蛛甚至能毒死一个人。

雌性狼蛛捕食时虽然很凶猛，但它照顾起自己的宝宝来却特别温柔，是出了名的好妈妈。狼蛛卵宝宝出生后，狼蛛妈妈吐丝，会为宝宝们织一个育婴包，并时刻带着这个育婴包。等卵宝宝孵化后，所有幼蛛都会爬到妈妈的背上，由妈妈背着它们到处巡游、捕食。直到幼蛛第二次蜕皮后，狼蛛妈妈才肯放心地让幼蛛离开自己去独立生活。

竞技场上的角斗

“喂，小豆丁，快跟我来！它俩都快打起来了。”一只很大的甲虫从空中呼喊着小豆丁，并慢慢落在小豆丁身边。

“你就是独角仙公主？”小豆丁眼前的这只甲虫就像只硕大的金龟子，“我记得独角仙都是长角的啊！”

“真是的，人家是女生嘛，只有帅哥才会长角的。”起初独角仙公主听了小豆丁的话有点儿生气，不过，很快它又说，“好了好了，不跟你生气了，快跟我来吧！”

独角仙公主一扭一扭地把小豆丁领到一棵倒下的大树旁。只见两只独角仙你一言我一语，吵得正厉害。

“这是我的地盘！”

“瞎说，我早就在这里了，你是从哪里冒出来的？”

“这些果子是我先发现的！”

“我可是比你早发现0.1秒！”

…………

两只独角仙个头儿差不多，但一只胖，一只瘦。当发现独角仙公主过来时，它们更是互不示弱。

“我是虫虫家族的大力士！”瘦独角仙用角托起身边的一根小树枝，用力一挑，把树枝甩出很远。

“论力气我可不比你差！”胖独角仙说着身子一拱，把一只正在吸树汁的龟甲虫挤跑了。

“我有厚厚的铠（kǎi）甲！”

“谁没有啊！我的比你的还厚呢！瞧，我还有长长的角，你能比得过我吗？”

“少废话，咱们来真刀真枪的比试比试！”

“比就比，谁怕谁啊！小豆丁，你来当裁判。”

胖独角仙和瘦独角仙几乎同时飞到竞技场——那根倒在地上的大树干上，摩拳擦脚，怒目相对。

“小豆丁，这是我们家族的比赛规则。”独角仙公主递给小豆丁一片树叶。小豆丁看到上面写着：

比赛双方可以采用推、掀等方式攻守打斗，谁先从竞技场上掉下来或者飞走，就为输家。获胜者将得到这片庄园里的所有烂无花果以及独角仙公主。

小豆丁看明白了比赛规则，一声令下，两只独角仙就扑向对方，打斗在一起。胖独角仙的块头虽然占了上风，但没有瘦独角仙灵活。打到第三个回合时，瘦独角仙趁机把角插到了胖独角仙的身子下，然后身子一挺，头向上用力甩，胖独角仙就被挑下了竞技场。

最后，获胜的瘦独角仙牵着独角仙公主，去享用它们的烂无花果大餐了，只剩下六脚朝天、不停挣扎的胖独角仙，在那里喘着粗气向小豆丁求救：“小豆丁，快帮帮我呀！”

在小豆丁的帮助下，胖独角仙的身体翻了过来。

“真是太感谢你了，要不然我就死定了。”胖独角仙对小豆丁千恩万谢，“小豆丁，我记得故事书的

目录里写着，你该去切叶蚁的采伐场了。为了答谢你的救命之恩，我送你过去吧。”说着，胖独角仙把头低下，小豆丁顺着角爬到了胖独角仙的背上。

“坐好了吗？我们出发喽！”胖独角仙展开翅膀，发出嗡嗡嗡的声音。天哪，这声音也太大了，就像一个老旧的风扇在转。

“嘿嘿，说实话，我对飞行并不十分擅长，因为我身子太重了。”胖独角仙不好意思地对小豆丁说。

最后，胖独角仙总算歪歪斜斜地飞了起来，载着小豆丁飞向切叶蚁的采伐场。

独角仙是个大力士

独角仙，又称双叉犀金龟、兜虫，属于鞘翅目金龟子科。目前，全世界具有大型犄（jī）角的独角仙约有60种，其他犄角较小或不明显的有1300多种。

独角仙是甲虫界有名的大力士。一只成虫可以举起相当于自己体重850倍的物体。不过，“大力士”也有弱点。当它六脚朝天翻倒在地时，必须要抓住树枝之类的东西才能翻身，否则就会活活饿死或者成为其他掠食者的猎物。

雄性独角仙常常会用角斗的方式，来争夺雌性独角仙、领地和食物等。

蘑菇庄园的小农艺师

“它们应该就在这附近采集树叶和花瓣呢。”胖独角仙载着小豆丁向一棵大树飞去。

忽然，地面上一些绿色的小“帆”吸引了小豆丁的视线。许许多多绿色的小“帆”正排着队，就像行军的部队一样有序前行。雨林里怎么会有帆？小豆丁揉了揉眼睛，仔细一看，原来是一片片小小的绿色叶片。真奇怪，小叶片怎么会自己排队前行呢？

“胖独角仙，你能飞低一些吗？”小豆丁问。

“好嘞！”说完，胖独角仙向下俯冲，几乎擦着小“帆”的上端飞。这下小豆丁可看清楚了，原来每片叶子下面都有一个小“舵（duò）手”——一只长着大脑袋的蚂蚁。

“它们就是切叶蚁。我带你到它们的采伐场去。”说完，胖独角仙又向上飞去，载着小豆丁来到一棵树的树冠上面。

这棵树的叶子上站了好多切叶蚁，它们正在用巨大的前颚锯叶片呢。嗡嗡嗡，它们的牙齿产生电锯般的振动声。不一会儿，一片片叶子就被锯下来了。有的叶片直接被切叶蚁举在头顶运走了，有的叶片则被丢在树下，被等在树下的切叶蚁运走。

胖独角仙在采伐场盘旋了几圈之后，把小豆丁送回了地面。

"安全着陆，我的任务完成。祝你玩得愉快！"胖独角仙说完，飞走了。

这时，一片大大的半月形叶片从树上落下来，正好飘到小豆丁面前，紧接着一只切叶蚁跑了过来："哇，这不是小豆丁吗？你好，我是切叶蚁阿塔。"

原来这里的每位居民都认识自己，小豆丁有点儿小小的得意。

小豆丁帮阿塔抬起树叶，边走边问："阿塔，你们切叶蚁喜欢吃树叶吗？"

"吃树叶？我们可不吃树叶，我们只吃自己种的蘑菇。我们采集树叶就是用来种蘑菇的。"

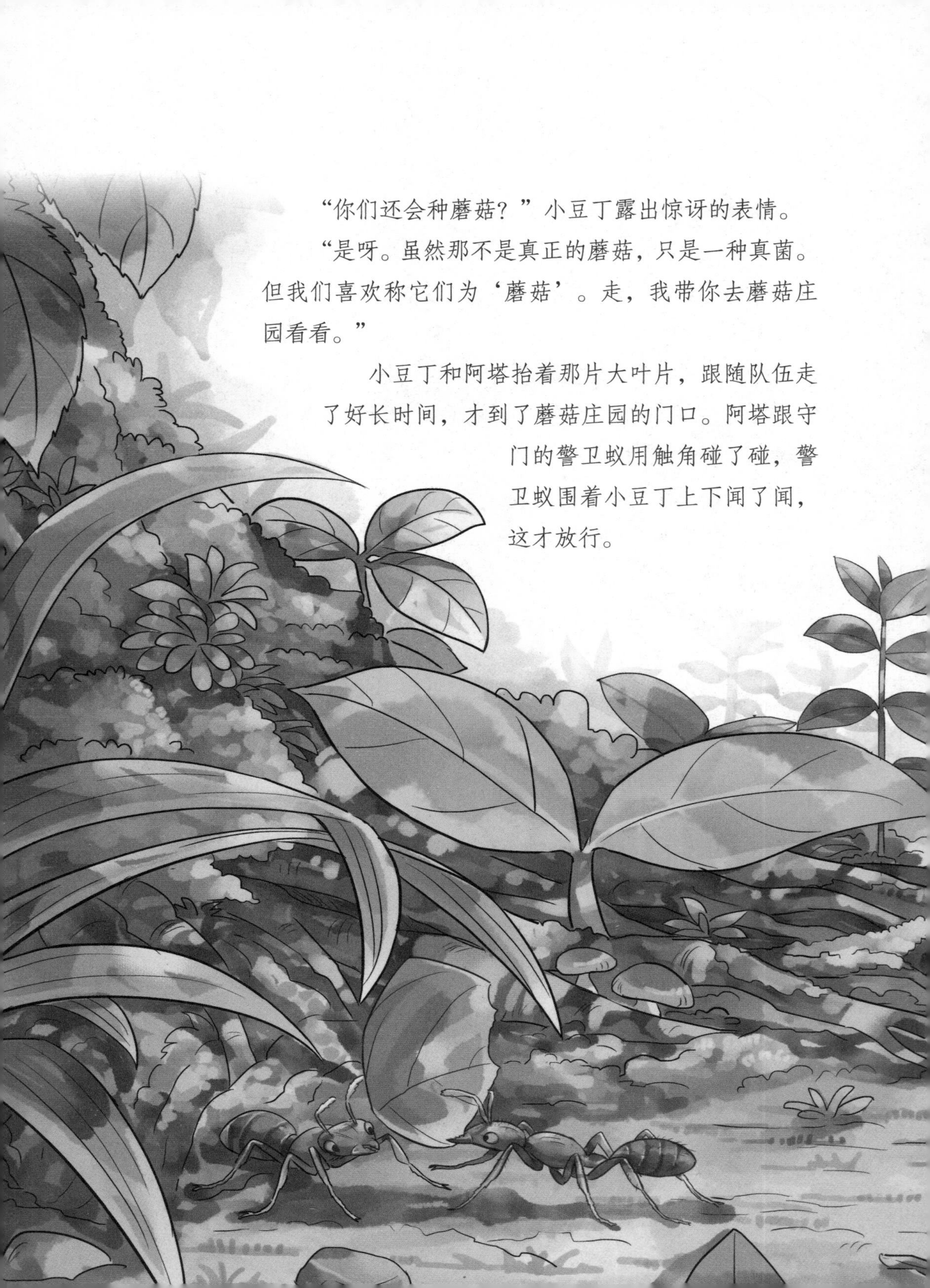

“你们还会种蘑菇？”小豆丁露出惊讶的表情。

“是呀。虽然那不是真正的蘑菇，只是一种真菌。但我们喜欢称它们为‘蘑菇’。走，我带你去蘑菇庄园看看。”

小豆丁和阿塔抬着那片大叶片，跟随队伍走了好长时间，才到了蘑菇庄园的门口。阿塔跟守门的警卫蚁用触角碰了碰，警卫蚁围着小豆丁上下闻了闻，这才放行。

蘑菇庄园太大了，就像一座地下迷宫，足足有上千个房间。阿塔带小豆丁参观了蚁后的寝室、育婴室和废料室，最后来到了309号培养室。阿塔把叶片交给在这里工作的工蚁后，回头对小豆丁说：“我们这里分工明确，我只负责采集叶片，剩下的制菌床、播种、管理等工作是由其他工蚁来完成的。”

小豆丁看到，那些个头儿小点儿的工蚁先把叶片切成小片，再嚼成糊状，然后从腹部尖端分泌出一滴液体，滴到糊状物上制成菌床。另外一些工蚁从其他洞穴把真菌一点点移过来，种植在菌床上。没过多久，菌床上便长出了一些绒毛状的蘑菇。专门负责管理的工蚁在菌床上爬上爬下，为蘑菇施肥，去除多余的菌丝。更小的工蚁把收割的蘑菇送给蚁后、幼蚁和其他切叶蚁享用。

“你怎么把杂物带进培养室来了？”小豆丁正专心地看切叶蚁种蘑菇，忽然，一只负责卫生的工蚁朝阿塔嚷道，“你不知道这里不可以带进一点儿不干净的东西吗？如果把菌种污染了，我们的庄园就全毁了。”说着，工蚁准备把小豆丁推到废料室去。

“他不是不干净的东西，他是小豆丁。”阿塔说。

“小豆丁？真没想到，小豆丁会到我们庄园来。”负责卫生的工蚁挥了挥触角，发布了气味信息，309 号培养室的工蚁们都放下手中的工作，向这里拥来。工蚁们太热情了，不停地挥动触角触摸小豆丁，弄得小豆丁痒痒的。可是，没过多久，309 号培养室的气体警报器就响了起来。

“不好，菌丝疯长了！”那些负责管理的工蚁们赶紧回到菌床上，紧张地忙碌起来。

“阿塔，发生什么事了？”小豆丁一脸疑惑。

“菌丝长得太多太快，就会消耗大量的氧气，这会使幼蚁窒息而死，造成整个蚁群的毁灭。为了防止菌丝疯长，负责管理的工蚁要不时地把多余的菌丝除去。刚才大家只顾着看你，放下了手头的工作，才造成菌丝疯长。还好发现及时，应该不会有事。”阿塔回答道。

“难怪它们会那么紧张。”因为自己的到来影响了工蚁们的工作，小豆丁很过意不去。为了不惹出更大的麻烦，他和阿塔告别，赶紧回到了地面。

小豆丁心想：接下来，我该去哪儿呢？如果当初仔细看目录就好了，这下该怎么办？就在小豆丁后悔的时候，头顶传来熟悉的嗡嗡声。

“小豆丁，快上来吧！”原来是胖独角仙又飞回来了。

“你怎么回来了？”小豆丁惊喜地问。

“我刚才忽然想起来，下一站你要去参观编织蚁的住宅小区。编织蚁都住在树上，你自己爬上去得多费劲啊！虽然我的飞行技术不是很好，但总比你爬上去快多了。坐好，咱们出发喽！”说着，胖独角仙载着小豆丁向上飞去。

勤劳的切叶蚁

切叶蚁，又叫蘑菇蚁、樵（qiáo）蚁，是地球上最早种真菌的专业户。这些小蚂蚁早在人类出现之前，就已经掌握了种植技术。每当蚁群分家的时候，新蚁后会把娘家的菌种藏在自己口中的凹陷处带出来，之后，等家园开创到一定规模后，由众多工蚁负责打理蘑菇庄园。在地面上，切叶蚁种植的真菌极易受其他有害菌的侵害，很难生长。但在蘑菇庄园里，有切叶蚁的精心照料，真菌能旺盛生长。

切叶蚁还是杰出的建筑师。在雨林地面下，它们的蚁巢很大，占地面积能达到100平方米。一个建成三年的蚁巢，大约有上千个出入口，里面的通道四通八达，连接着成千上万个房间。

切叶蚁的力气很大，有时被它们运送回巢穴的叶片是它们自身体重的10倍以上。

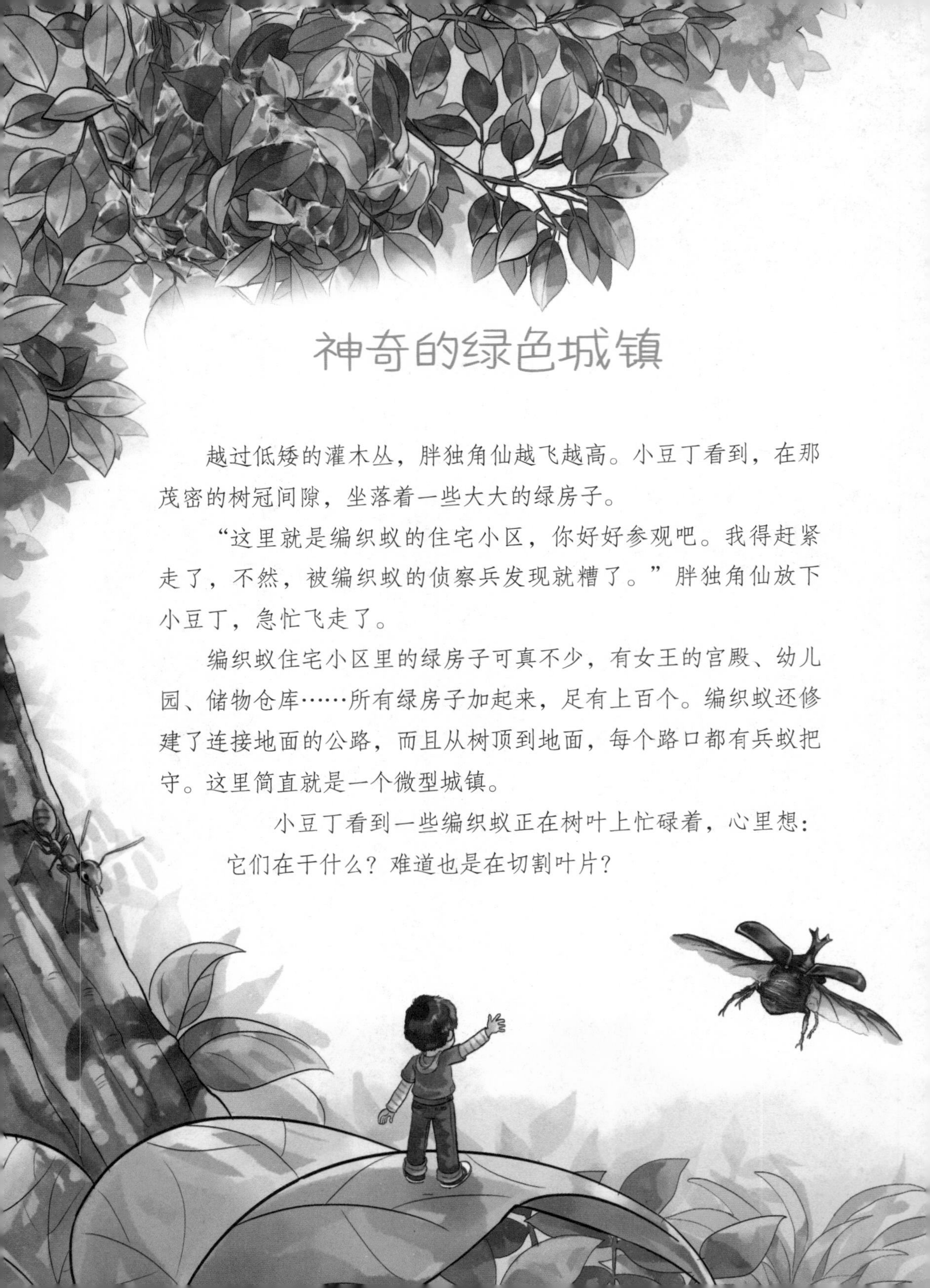

神奇的绿色城镇

越过低矮的灌木丛，胖独角仙越飞越高。小豆丁看到，在那茂密的树冠间隙，坐落着一些大大的绿房子。

“这里就是编织蚁的住宅小区，你好好参观吧。我得赶紧走了，不然，被编织蚁的侦察兵发现就糟了。”胖独角仙放下小豆丁，急忙飞走了。

编织蚁住宅小区里的绿房子可真不少，有女王的宫殿、幼儿园、储物仓库……所有绿房子加起来，足有上百个。编织蚁还修建了连接地面的公路，而且从树顶到地面，每个路口都有兵蚁把守。这里简直就是一个微型城镇。

小豆丁看到一些编织蚁正在树叶上忙碌着，心里想：它们在干什么？难道也是在切割叶片？

“你好，小豆丁！我是负责接待你的编织蚁，我叫小叶。”一只工蚁热情地迎上来，跟小豆丁打招呼。

“你好，小叶！你们是在切割叶片吗？”小豆丁好奇地问。

“我们可不切割叶片，我们在用树叶建房子呢。”

“用树叶建房子？”

“对呀！你看那些绿房子，就是我们用树叶建成的。”小叶用触角指了指远处的绿房子。

这时小豆丁看到，站在树叶边缘的一只编织蚁伸长了身子，使劲去够对面的一片树叶。它用大颚咬住那片树叶后，用力往回拉，可是它的力气好像不够大，拉了好几回都没拉过来。旁边的几只编织蚁看到了，赶忙跑过来帮忙。它们紧紧抓住那只编织蚁细细的腰，一起使劲往后拉。可是，叶片还是没有拉过来。紧接着，又跑来几只编织蚁，它们一个抓一个，连成了一条蚂蚁绳。最终，大家齐心协力把树叶拉了过来。

“把树叶拉在一起干吗呀？”小豆丁好奇地问。

“把两片树叶缝合起来，可以搭建成一间小房子。这样刮风下雨的时候，我们就可以躲在房子里。”

“你们用什么缝合叶片呢？”

“用我们特有的蚁宝宝牌丝线啊。那几个工蚁去取丝线了，马上你就明白了。”

不一会儿，一只工蚁抱着一只白白胖胖的蚁宝宝过来了。只见工蚁用蚁宝宝的头点点这片叶子，又点点那片叶子，在两片叶子的缝隙间这么来来回回忙碌着，蚁宝宝不断从嘴里吐出丝来，两片叶子很快就黏合在一起了。

“瞧，新房子建好了。小豆丁，请进吧！”小叶高兴地邀请小豆丁进绿房子里参观。

小豆丁走进绿房子，呼吸到了清新的空气，忍不住问：“你们的房间安装空气净化器了吗？”

“没有啊！这间绿房子本身就是天然的空气净化器。虽然我们用叶片建房子，但我们并没有伤害叶片。这些叶片仍然活着，能够进行光合作用，把我们呼出的二氧化碳转变成氧气。”

忽然，小叶抬起上半身嗅了嗅，神情变得紧张起来：“不好，侦察兵释放出气味信息了，有树蝎（xiē）侵犯我们的领土。我得去参加战斗了。”

“跟树蝎打架？你们能行吗？”小豆丁有些担心。

“放心吧，我们有大颚和蚁酸呢，连独角仙那样的大力士都怕我们。再说，我们集体作战，团结起来力量大。”小叶抬起身子，挥舞着大颚，做出打斗的姿势，然后就转身离开了。

这时，小豆丁才明白，胖独角仙怕编织蚁集体围攻它，所以才急匆匆地飞走了。

协同工作的小建筑师

编织蚁因在枝叶茂盛的树上建造精巧的巢穴而得名。几千个小建筑师协同工作，在树冠里拽拢树叶，并把它们粘连成数以百计的“楼阁”，还在“楼阁”间增加以丝连成的通道，营造出紧凑、精致的“住宅区”。

编织蚁生活在复杂的社会里，像其他蚂蚁一样通过气味交流信息。它们释放不同的信息素，表达不同的意思。比如，警告蚁群有敌人接近时，侦察蚁会释放一种信息素，告诉其他编织蚁有敌情。同时，它们还会向上抬起身子，做出备战动作，使信息迅速在蚁群中传播。

编织蚁不像切叶蚁那样吃素。它们严密地保卫着自己的王国，袭击入侵者。它们的叮咬能力极强，而且会分泌一种致痛的蚁酸。一旦入侵者被咬伤，蚁酸会使它们疼痛难忍。因此，凡是被它们抓到的昆虫很难逃脱。它们会把抓到的昆虫拖回巢穴，大家一起享用虫子大餐。

编织蚁的捕猎本领很高。早在1700年前，编织蚁就被我国柑橘种植者用来灭除害虫，成为最早被人类用来消灭害虫的生物工具。

“蛛蛛侠”玩易容

编织蚁们都出去战斗了，整个蚁城变得静悄悄的，只有一些留守的工蚁在伺候蚁后，照顾蚁宝宝。这时，小豆丁发现一只蚂蚁闪进了育婴室。小豆丁觉得这只蚂蚁长得有点儿怪，和这里的编织蚁不太一样，但到底哪里不一样，他又说不出来。只见怪蚂蚁走进育婴室，和看护蚁宝宝的工蚁打了个招呼，便抱了一只蚁宝宝大摇大摆地走了。

这只怪蚂蚁要带着蚁宝宝去哪里呢？难道是要建新房子？可是，编织蚁们都去战斗了，谁还有工夫建房子呢？

小豆丁觉得不对劲，悄悄跟在怪蚂蚁的身后。

那只怪蚂蚁走走停停，停停走走，好像在故意等小豆丁，一直走到离开编织蚁管辖（xiá）的地方才把蚁宝宝放下。接着，它放下头顶那两根长长的触角，变成了

两条腿——刚才那两根触角竟然是它的两条腿伪装的。此时，小豆丁才看明白，怪蚂蚁根本不是蚂蚁，而是一只蜘蛛。

“你好，小豆丁。”那只蜘蛛转过身对小豆丁说，“不好意思，用这种方式把你叫过来。因为蛛蛛侠易容俱乐部的几位玩家都很想见你。”

“先自我介绍一下，我是蚁蛛。刚才你已经看到我假扮成了蚂蚁，我是蛛蛛侠易容俱乐部的超级玩家之一。马上我将向你引见另外两位超级易容玩家。”

小豆丁还没弄明白怎么回事，蚁蛛便换了一种腔调，冲着一摊鸟粪喊起来：“哥们儿别装了，我把小豆丁带来了。”

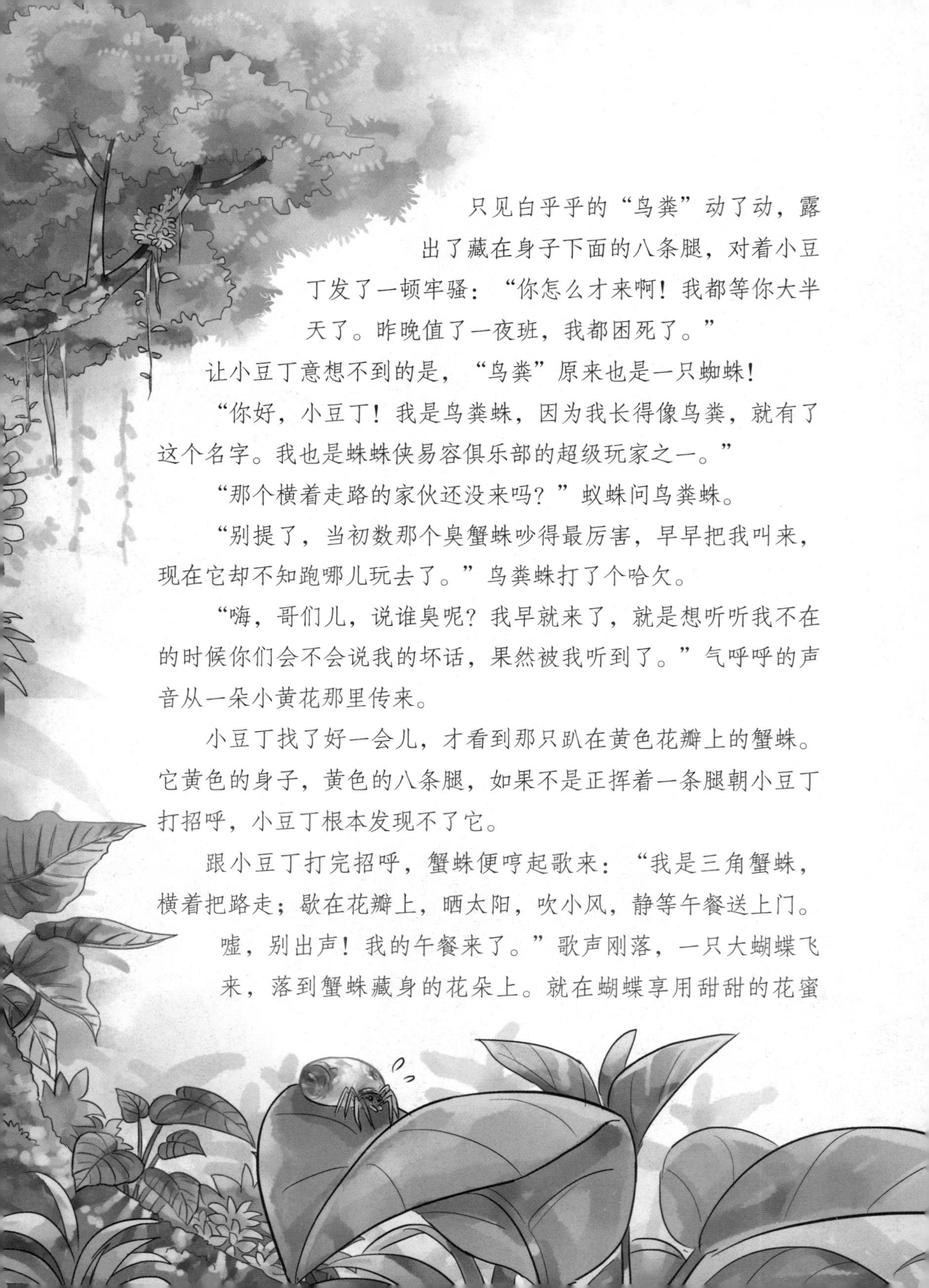

只见白乎乎的“鸟粪”动了动，露出了藏在身子下面的八条腿，对着小豆丁发了一顿牢骚：“你怎么才来啊！我都等你大半天了。昨晚值了一夜班，我都困死了。”

让小豆丁意想不到的是，“鸟粪”原来也是一只蜘蛛！

“你好，小豆丁！我是鸟粪蛛，因为我长得像鸟粪，就有了这个名字。我也是蛛蛛侠易容俱乐部的超级玩家之一。”

“那个横着走路的家伙还没来吗？”蚁蛛问鸟粪蛛。

“别提了，当初数那个臭蟹蛛吵得最厉害，早早把我叫来，现在它却不知跑哪儿玩去了。”鸟粪蛛打了个哈欠。

“嗨，哥们儿，说谁臭呢？我早就来了，就是想听听我不在的时候你们会不会说我的坏话，果然被我听到了。”气呼呼的声音从一朵小黄花那里传来。

小豆丁找了好一会儿，才看到那只趴在黄色花瓣上的蟹蛛。它黄色的身子，黄色的八条腿，如果不是正挥着一条腿朝小豆丁打招呼，小豆丁根本发现不了它。

跟小豆丁打完招呼，蟹蛛便哼起歌来：“我是三角蟹蛛，横着把路走；歇在花瓣上，晒太阳，吹小风，静等午餐送上门。嘘，别出声！我的午餐来了。”歌声刚落，一只大蝴蝶飞来，落到蟹蛛藏身的花朵上。就在蝴蝶享用甜甜的花蜜时，蟹蛛伸出了它的魔爪，一下就把蝴蝶牢牢抓住。体形硕大的蝴蝶虽然用力挣扎，但还是没能从蟹蛛的魔爪中挣脱。蟹蛛拖着猎物躲到一边享用去了。

此时，小豆丁看得目瞪口呆，害怕极了。

蚁蛛看到小豆丁害怕的样子，跟他解释起来："不要怪蟹蛛残忍，我们玩易容就是为了生存。我也是装成蚂蚁的模样，才能获得食物。"说完，蚁蛛也找了个僻静的地方，去享用它从编织蚁那里偷来的蚁宝宝大餐。

"没错，易容是我们捕食和防身的手段。"鸟粪蛛也为自己和朋友辩解起来，"不好，敌人来了！"

话音刚落，一只鸟儿飞来，鸟粪蛛要跑已经来不及了。只见它把八条腿一收，身子一趴，又变成了一摊鸟粪。

"刚才明明看到有只蜘蛛在这里啊，怎么转眼变成了一摊鸟粪！今天是怎么回事啊？难道我的眼睛花了？"那只鸟儿飞了一圈刚想离开，忽然看到了旁边的小豆丁，"咦，小豆丁，你怎么还在这里？角蝉家族的帽子秀马上就要开始了，就等你了。快，抓住我的脚，我把你送过去吧！"

就这样，小豆丁抓着鸟儿的脚，飞向另一个地方。

蜘蛛伪装大师

蜘蛛是出色的猎手，也是杰出的伪装大师。它们除了模仿鸟粪、蚂蚁、花朵外，有的还能模仿树叶、尺蠖（huò）蛾的幼虫等。

东亚夜蛛

模仿对象：尺蠖蛾的幼虫

东亚夜蛛长着细长的身体，长长的脚，身体呈褐色，这些特征可以使它伪装成一条尺蠖蛾的幼虫。其实，尺蠖蛾的幼虫本身就是超级伪装大师，不动的时候就像一根小树枝。这样，东亚夜蛛伪装成尺蠖蛾的幼虫，可以慢慢靠近猎物，出其不意地捕获猎物。

枯叶尖鼻蛛

模仿对象：树叶

枯叶尖鼻蛛常常躲在树梢或树叶间，把自己伪装成一片树叶。它伪装成的树叶，不仅有叶片，还有细长的叶柄。

过去，人们误以为长长的“叶柄”是枯叶尖鼻蛛的鼻子，所以给它起名“枯叶尖鼻蛛”。其实，“叶柄”不是鼻子，而是它腹部的延伸部分。在变装时，它把四对步足向腹部一缩，腹部再向后一伸，远远看去，就像一片树叶。

幼年时，枯叶尖鼻蛛的身体主要为绿色，它可以伪装成嫩叶；长大后，它的身体变成黄褐色，它就伪装成枯叶。

精彩帽子秀

小豆丁被鸟儿带到了一棵树的树枝上，这里站满了奇形怪状的虫虫。它们长得像蝉，但背上都顶着一顶奇怪的帽子。

“你们是？”小豆丁问。

“我们是角蝉。”“就是背上长角的蝉。”“也不光是长角，还会长各种形状的帽子。”角蝉们七嘴八舌说开了。

一位角蝉妈妈热情地跟小豆丁说：“我们正要举办一场帽子秀。小豆丁，你帮我们看看，谁的帽子更漂亮。来，坐这里，这里看得清楚。”

角蝉妈妈身边还有一群刚孵化出来的小角蝉。它们没有长角和翅膀，还不能保护自己，所以，角蝉妈妈在看护它们。

“我们家族可是帽子设计世家，每只角蝉都是出类拔萃（cuì）的帽子设计师。快看，表演马上就要开始了！”角蝉妈妈说。

角蝉们选了一根横在半空的树枝作T型台，顶着各自的帽子，从小豆丁面前一一走过。

最先上台展示的是“植物自然风”系列：这些角蝉的帽子有的像荆棘，有的像枯树枝，有的像绿树叶；接着走上台的是“家居和户外”系列：这些角蝉的帽子有的像十字镐（gǎo），有的像船锚，有的像大厨的高帽子，还有的像电视天线；最后上台展示的是“另类风”系列：这些角蝉的帽子相当奇葩（pā），有的像鸟粪，有的像蚂蚁僵尸，有的像外星生物，还有的头上像架了四个微型地球仪……

这些稀奇古怪、花样百出的帽子让小豆丁大开眼界。

“妈妈，帽子！我也要好看的帽子！为什么我没有帽子？”一只小角蝉问妈妈。

“别着急，等蜕过五次皮后，你就会有一顶好看的帽子。”

“妈妈，妈妈，快来救我们呀！有坏蛋要吃我们！嗡嗡嗡——”突然，另一边的小角蝉们哭喊起来。

原来，一只食肉椿象不知什么时候飞了过来，想趁角蝉妈妈不注意，捉一只小角蝉解解馋。

“坏家伙，快走开！再不走我就不客气了！”角蝉妈妈怒气冲冲地跑到椿象面前，一边说一边拍打翅膀，发出更大的嗡嗡声。

可是，那只椿象可不想放弃快到嘴的美味。它假惺惺地对角蝉妈妈说：“角蝉太太，孩子那么多，你能照顾过来吗？我帮你看孩子吧！”椿象边说边移向一只小角蝉。

角蝉妈妈心里明白，这是黄鼠狼给鸡拜年，没安好心啊！它

冲着椿象就是一脚，嘴里还念念有词："看我的角蝉无影脚！"

说时迟那时快，椿象被角蝉妈妈踢得飞了出去。

"我还会回来的……"远处传来椿象的叫喊声。

小豆丁捂着嘴笑了，这句话太熟悉了，让他想起了动画片里的灰太狼。

"每次离开都是这句话，就不能整点儿新鲜的。"角蝉妈妈扇了扇翅膀，转身对小豆丁说，"让你见笑了。为了保护孩子，我已经习惯了用这种方法对付这些坏家伙。"

戴"帽子"的角蝉

很多昆虫背部前端有一块扁平的外骨骼板块，紧密地覆盖在头部和翅膀中间，这一结构被昆虫学家称为"前胸背板"。大多数昆虫的前胸背板是扁平的，而角蝉的前胸背板却向外隆起，变异出各种复杂的形状和色彩，就像背上顶着一顶帽子。角蝉家族凭借怪异的"帽子"荣登"全球100种怪动物"榜单。

角蝉的"帽子"用途很多，其中之一就是防身。因为戴着"帽子"，很少有动物吃它们。就算有不知深浅的家伙把它们吞到嘴里，也会立刻吐出来，因为它们可不想被角蝉的"帽子"开膛破肚。

酷虫魔法学校

欣赏完角蝉家族的帽子秀，接下来该去哪里呢？小豆丁心想。

“这边来，小豆丁！我已经等你多时了。该去我们酷虫魔法学校看汇报表演了。”向小豆丁打招呼的是灌木枝上的一只小螳螂。

小螳螂的身体是暗红色的，腿是黑色的，猛一看就像一只大蚂蚁。以前小豆丁见过的螳螂不是绿色的就是褐色的，这样红黑配的螳螂还是头一次见。

“你叫什么？”

“棉花糖。”小螳螂脆生生地回答。

棉花糖？好奇怪的名字。雨林里的虫虫也喜欢吃棉花糖吗？虽然小豆丁心里很好奇，但他没好意思问。

“你们酷虫魔法学校好玩吗？”小豆丁问。

“当然好玩啦，我们学校里的师生都是魔法大师，它们个个身怀绝技，会变成令你意想不到的东西。刚才你见过的那三位玩易容的蛛蛛侠和帽子设计大师角蝉，都是我们学校毕业的高才生。”

…………

“嘿嘿，校长，我把小豆丁领来了，你们聊。我得去准备了，一会儿我还有演出呢。”不等竹节虫校长发话，棉花糖就连蹦带跳跑没影了。

“这个小调皮！”竹节虫校长慈爱地看着远去的棉花糖，转身对小豆丁说，“小豆丁，欢迎你来到雨林酷虫魔法学校。”说着竹节虫校长领着小豆丁走进学校的大门。

这时，一只全身白皙（xī）的螳螂急匆匆跑过来问：“校长，您看见棉花糖了吗？”

“刚才我还看到它了呢。”竹节虫校长回头看了看校门外。

“棉花糖是不是又调皮惹事了？”白螳螂紧张地问。

“没有没有，刚才它还帮我去请客人呢！估计它现在应该是去换衣服了。您不用担心，您的孩子错不了，肯定和您当年一样出色。”竹节虫校长安慰道。

小豆丁听到这里明白了，原来白螳螂是棉花糖的妈妈。

“校长好！小豆丁好！”校园里不时有酷虫跳过来跟竹节虫校长和小豆丁打招呼。

小豆丁发现这里的蟋蟀好多都是彩色的，十分醒目，并不像自己以前见过的颜色那么单调。

“这些鲜艳的蟋蟀、蝴蝶都是施毒班的。因为它们身上有毒，醒目的色彩是一种警戒色，警告动物不要吃它们，否则后果自负。”竹节虫校长边走边给小豆丁讲解，“不过，它们中间也有一些冒牌货。你看见那里的双胞胎了吗？”

小豆丁看到，那双胞胎是一对蝴蝶。它们都有醒目的黑、红、黄交杂的颜色，长得几乎一模一样。

“左边那只是有毒的，右边那只是没毒的冒牌货。不仅你分辨不出来，连它们的天敌也分辨不出来。为了安全起见，不管有毒没毒，鸟儿们都不会吃它们。”竹节虫校长解释道。

“雨林酷虫魔法学校毕业班的汇报表演及雨林酷虫超级模仿大赛，马上就要开始了！”竹节虫校长把毕业班的酷虫们召集到一起，“今天的汇报表演采用玩捉迷藏的方式。我数一二三，大家藏好，最后一个被小豆丁找到的将会获得‘最酷学生’和‘最佳模仿者’称号。大家准备好了吗？”

“准备好了！”

“好，一、二、三，开始！”

竹节虫校长话音刚落，原本热闹的校园一下子安静下来，就像被施了魔法，那

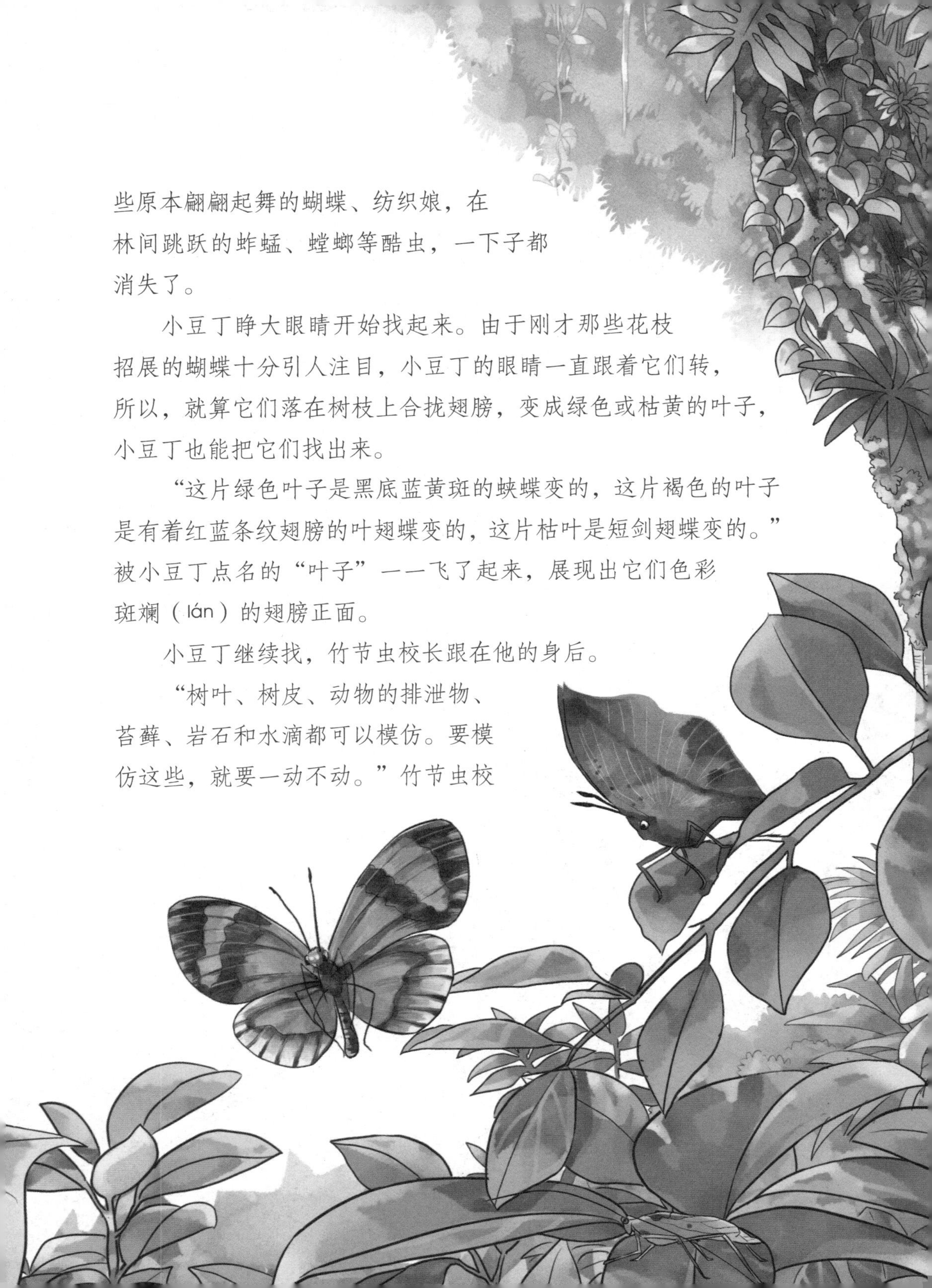

些原本翩翩起舞的蝴蝶、纺织娘，在林间跳跃的蚱蜢、螳螂等酷虫，一下子都消失了。

小豆丁睁大眼睛开始找起来。由于刚才那些花枝招展的蝴蝶十分引人注目，小豆丁的眼睛一直跟着它们转，所以，就算它们落在树枝上合拢翅膀，变成绿色或枯黄的叶子，小豆丁也能把它们找出来。

“这片绿色叶子是黑底蓝黄斑的蛱蝶变的，这片褐色的叶子是有着红蓝条纹翅膀的叶翅蝶变的，这片枯叶是短剑翅蝶变的。”被小豆丁点名的“叶子”一一飞了起来，展现出它们色彩斑斓（lán）的翅膀正面。

小豆丁继续找，竹节虫校长跟在他的身后。

“树叶、树皮、动物的排泄物、苔藓、岩石和水滴都可以模仿。要模仿这些，就要一动不动。”竹节虫校

长不知是说给小豆丁听的，还是提醒那些虫虫要注意了。

灌木枝上一片碧绿的叶子引起了小豆丁的注意。“没有下雨，这片树叶上怎么会有雨滴呢？”小豆丁走近一看，嗨，这片树叶原来是纺织娘假扮的！在竹节虫校长的提示下，小豆丁把伪装高手——树叶虫也找到了。

酷虫们一个个被找到了，唯独还有一个学生没有找到。小豆丁看了看学生花名册，只有棉花糖的名字后面没有打勾。

“它是不是没有来？”小豆丁问。

“它来了，我已经看到它了。”竹节虫校长歪头看了一眼，笑了起来。顺着竹节虫校长的目光看过去，小豆丁看到了那朵粉色的兰花。

好美的兰花啊！小豆丁走近一看才发现那不是兰花，而是一只螳螂！只见那只螳螂的步足是粉色的，腹部是扁平的，上面还有兰花花瓣特有的斑点，像兰花花瓣一样。在它的颈部还戴着一条淡绿色的围巾，就像绿色的花梗，显得更加逼真。

"我宣布本届'最酷学生'和'最佳模仿者'称号的获得者是——兰花螳螂。请小豆丁为获奖者颁奖！"竹节虫校长大声说。

兰花螳螂优雅地来到小豆丁面前："小豆丁，你还认识我吗？我是棉花糖啊！怎么样，我没说大话吧，我是不是比竹节虫校长漂亮？"

兰花螳螂竟然是棉花糖变的！这个结果大大出乎小豆丁的意料。小豆丁虽然不知道棉花糖是如何变成兰花螳螂的，但是，他觉得兰花螳螂表演得太精彩了，便忍不住鼓起掌来。这一拍手坏了，他忘了故事书说过的话。当再拍第二下时，他发现自己已经回到了书房。

"怎么样，酷虫们有趣吗？"神奇的故事书问小豆丁。

"哈哈，太有趣了！我还想回到故事书里。"小豆丁表现出意犹未尽的样子。

"今天时候不早了，就先到这里吧！"故事书看了看窗外。

"明天还会有故事等着我吗？"

"有啊！明天会有一些雨林怪侠的故事等着你。不过，你要答应我一件事。从现在开始，你要学着利用废物，变废为宝。比如，把空的牛奶盒、酸奶盒等包装盒洗干净后做成小笔筒、小杂物盒、小花盆什么的。”说着，故事书像鸟儿一样飞回到书架上。

“我猜，这也和雨林有关系吧？”小豆丁问。

“没错！”书架上传来故事书温柔的声音。

“好，我记住了。”似懂非懂的小豆丁点点头。

“晚安，小豆丁！”

“晚安，神奇的故事书！”

昆虫的伪装

在雨林中，昆虫大多以食草为生，既没有尖利的牙齿和脚爪御敌，也不会使用灵活的逃跑方式，但是它们进化出了各种令人叹为观止的神奇伪装术。昆虫把自己伪装起来，一来可以避免被天敌发现，二来方便捕食其他昆虫或小动物。

昆虫的伪装术有很多种，最主要的是保护色、警戒色和拟态。保护色是昆虫利用身体的颜色与自己生长环境的颜色接近的特点，来隐蔽自己，这类昆虫有蚱蜢、菜青虫等。警戒色是有毒昆虫利用自己身体的鲜艳颜色或可怕形象警示天敌，这类昆虫有毒蛾幼虫等。拟态则是昆虫模仿其他生物或环境的形态，把自己与周围的环境融为一体，这类昆虫有竹节虫、兰花螳螂等。

第六天，小豆丁如约而至，故事书正在书桌上等他呢。

“我今天还能进到故事书里吗？”小豆丁满怀期待地问。

“当然可以。老规矩，只要你一拍手，就可以从书里出来。”故事书说。

“嗯，我记住了。”

“好，那我们的故事马上开始！”说着，故事书翻到了那一页。小豆丁发现一束柔和的绿光从书里冒出来，照到自己身上。他觉得自己越来越小，嗖的一下被绿光吸到了书里……

会弹舌神功的“奥特曼”

等小豆丁站稳身子，发现自己已经在幽静的雨林里了。

忽然，他听到一阵欢快的歌声：“雨林大门常打开，开放怀抱等你，呱呱呱。这是一个神秘的地方，你会爱上这里，呱呱呱。相约好了在一起，我们欢迎你……雨林欢迎你，为你开天辟地。雨林欢迎你，在树荫下尽情呱呱呱……”

小豆丁循着歌声，走进了雨林怪侠魔法学校……

小豆丁最先认识的是七彩变色龙老师，它是雨林怪侠魔法学校里最漂亮的老师。七彩变色龙老师的身体色彩斑斓，

细长的尾巴盘在身后。它平时行动缓慢，走起路来慢吞吞的，像钳子一样的爪子，抬起来再放下，要用上好几秒。它的口头语是：“噢，别着急，慢慢来。”所以，调皮的学生给它起了个外号，叫“奥特曼”。

别看“奥特曼”总是慢吞吞的，它却身怀三大绝技。

第一大绝技是变色。“奥特曼”的身体可以经常变换颜色，一节课就可以变好几次。绿色、蓝色、黄色、红色、棕色、白色和黑色，它都能变出来。最初大家以为它变色只是为了隐身，后来才发现，不同的体色还代表了它不同的心情。“奥特曼”的身体变成绿色时，表明它心情不错，就算同学们上课嘻嘻哈哈，犯点儿小错也没关系。如果“奥特曼”变成了嫩黄色，大家就得小心了，因为嫩黄色表明它有点儿不高兴。比如，有一次亚马孙牛奶蛙回答它的提问时，就惹出了麻烦。事情的经过是这样的——

那天上课时，“奥特曼”问：“亚马孙牛奶蛙同学，请问鲜艳的体色对雨林怪侠们有什么好处？”

“这个……”身上布满白色斑块的牛奶蛙用后脚挠了挠脑袋，“我觉得体色鲜艳拍照片好看。不像我，拍出来的永远是黑白照。”

看得出，“奥特曼”对牛奶蛙的回答很不满意，因为这时它的体色由绿色变成了嫩黄色。果然，后来“奥特曼”对牛奶蛙一顿狠批。这件事让大家对它嫩黄的体色有了深刻印象。

当“奥特曼”的身体变成红色时，表明它要发怒了。有一次，它发现全班同学都没有按时交作业，它的脸和整个身体立刻变成了红色。大家顿时感觉不妙，整节课都老老实实的，大气都不敢出。

“奥特曼”的第二大绝技是每只眼睛可以单独活动，看不同的方向。它可以一只眼睛满含笑意地看着表现好的学生，另一只眼睛怒视没有写作业的学生，也可以一只眼睛看着黑板，另一只眼睛盯着身后那些捣蛋鬼。

不过，最令小豆丁佩服的还是“奥特曼”的第三大绝技——弹舌神功。别看“奥特曼”平时动作慢吞吞的，它的舌头却可以像闪电一般超快速地弹出去。

“奥特曼”喜欢边走路边讲课，有时讲着讲着，就消失在一片绿叶丛中，大家只能听见它讲课的声音。偶尔讲课声会停下来，一条长长的舌头嗖的一下从绿叶丛中射出，粘住叶片上的

一只蚱蜢，随即闪电般地收了回去。接着，讲课声再次响起。

可是，这位身怀绝技的老师却不辞而别了。当时谁也不知道到底是怎么回事。后来，一只过路的鹦鹉解开了大家心中的疑惑。

原来，那天“奥特曼”正慢吞吞地走在去往学校的路上。忽然，一只和它长得一模一样的变色龙出现在它面前。两位变色龙帅哥狭路相逢，按照变色龙族规，就要比试一番，获胜的一方才有权留下来，失败的一方就得卷铺盖搬家。

“奥特曼”只好按变色龙族规准备决斗。它把自己的身体慢慢膨胀起来，使自己看起来威武强壮，并施展变色魔法，把身体大部分变成深红色，想把对方吓跑。可它没料到，对方也做出了相同的变化。“奥特曼”吓了一跳，暗想：这一带我还没遇到过旗鼓相当的对手呢。既然自己无法超越对方，干脆别和它继续斗下去了，免得两败俱伤。想到这里，“奥特曼”便认输离开了。

可怜的“奥特曼”不知道，这是人类科学家为了观察它看到自己影像时的反应，在它面前摆放了一面镜子。它不知道自己看到的变色龙帅哥其实就是它自己。“奥特曼”就这样被“自己”吓跑了。

“胖番茄”的黏黏胶

“奥特曼”离开后，学校又来了一位新老师——番茄蛙太太。它身体肥胖，四肢短小，背部的颜色红彤彤的，整个看起来就像一个熟透了的番茄。

起初，雨林怪侠魔法学校的学生们根本没把番茄蛙太太放在眼里。但第一次上课，番茄蛙太太就让小豆丁和同学们对它刮目相看。

那天，番茄蛙太太第一次给学生上课：“伪装虽然是一种很不错的手段，但是，伪装只能对依靠视觉寻找猎物的天敌起作用，对另外一些天敌并不起作用，比如蛇，它们主要依靠嗅觉来寻找猎物。”

真是说曹操曹操到，刚刚提到蛇，一条虎斑颈槽蛇便闯进了课堂。正如番茄蛙太太讲的，它主要是依靠嗅觉找到这里来的。

“你想干什么？”番茄蛙太太挡住了它的去路。

“我饿了，来找点儿吃的。”虎斑颈槽蛇很无赖地说。

“我这里只有学生，没有吃的。”

“躲开，少管闲事！今天我心情好，不想吃你，只想吃那些小嫩蛙。”

“它们都是我的学生，想吃它们，你得先过我这一关！”

“你就是那个新来的胖番茄吧？我见过你先生，它可没有你这么胖，你都有它两倍重了吧？啧啧啧，瞧你都胖成什么样了，还不赶紧节食减肥。”

听了这话，番茄蛙太太气坏了。“我最恨别人叫我胖番茄啦！我是番茄蛙，不是胖番茄！胖怎么了？我的偶像加菲猫说过，‘我不是胖，我只是瘦得不那么明显而已’。我最恨别人叫我减肥！你敢叫我减肥？马上就让你尝尝我的厉害！”说着，番茄蛙太太的身体就像吹了气的气球一样，快速鼓起来。

“哈哈，你这样一鼓，更像胖番茄了，而且是熟透了的红番茄！”

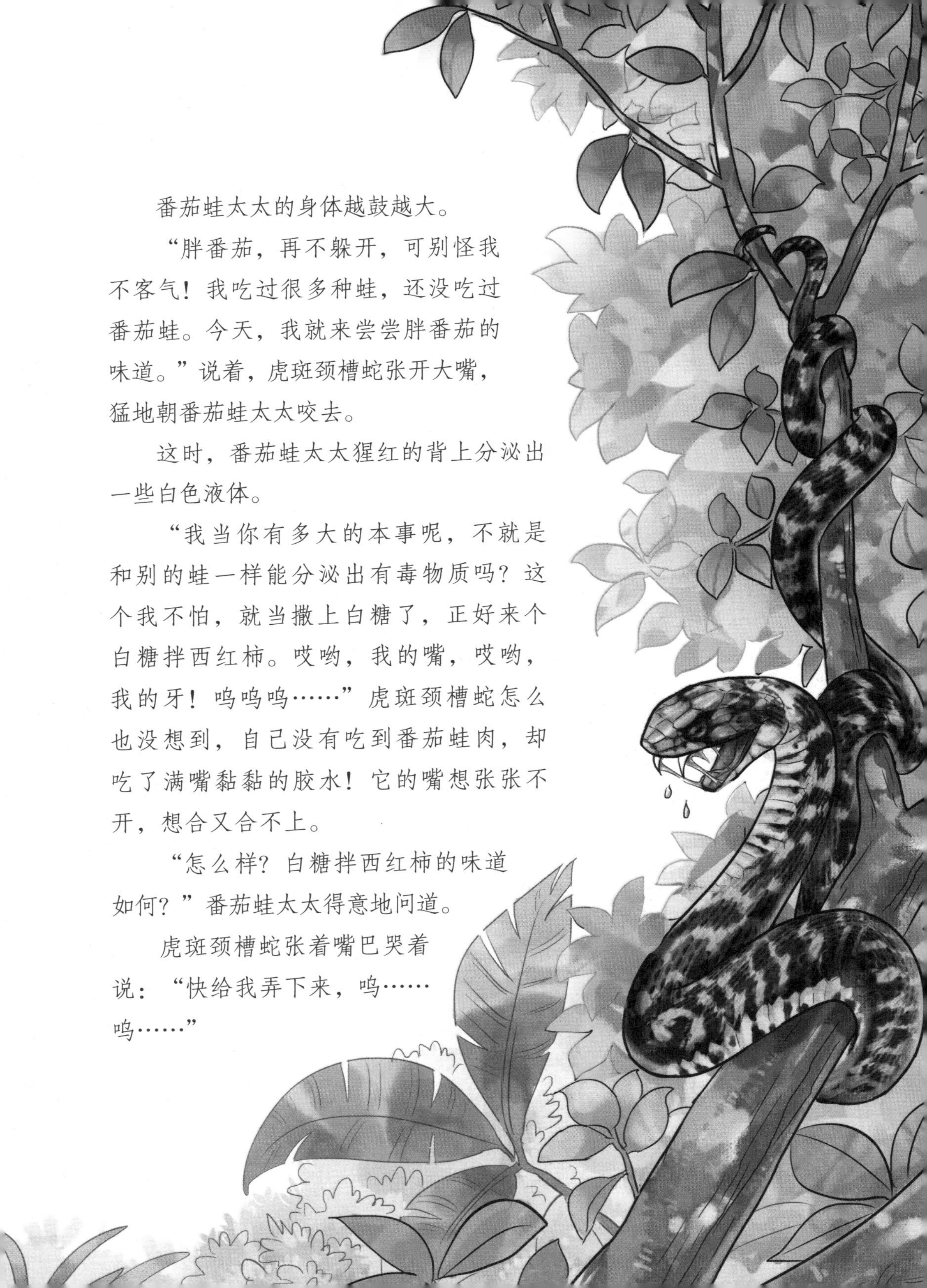

番茄蛙太太的身体越鼓越大。

“胖番茄，再不躲开，可别怪我不客气！我吃过很多种蛙，还没吃过番茄蛙。今天，我就来尝尝胖番茄的味道。”说着，虎斑颈槽蛇张开大嘴，猛地朝番茄蛙太太咬去。

这时，番茄蛙太太猩红的背上分泌出一些白色液体。

“我当你有多大的本事呢，不就是和别的蛙一样能分泌出有毒物质吗？这个我不怕，就当撒上白糖了，正好来个白糖拌西红柿。哎哟，我的嘴，哎哟，我的牙！呜呜呜……”虎斑颈槽蛇怎么也没想到，自己没有吃到番茄蛙肉，却吃了满嘴黏黏的胶水！它的嘴想张张不开，想合又合不上。

“怎么样？白糖拌西红柿的味道如何？”番茄蛙太太得意地问道。

虎斑颈槽蛇张着嘴巴哭着说：“快给我弄下来，呜……呜……”

“弄下来？哪有那么容易。你不是想吃白糖拌西红柿吗？你倒是吃啊！怎么嘴巴合不上了？哈哈，实话告诉你，那白色黏稠的液体不是什么毒液，而是我的秘密武器——黏黏胶。放心吧，你死不了，不过嘴巴会被粘住几天。这几天你就没法吃东西了。你不是让我节食减肥吗？我先让你尝尝节食减肥的滋味！”

“呜呜呜……”虎斑颈槽蛇狼狈地跑掉了。

胖胖的番茄蛙太太凭借神奇的黏黏胶救了全班同学。

长相奇特的番茄蛙

番茄蛙又叫安东吉利红蛙、安通吉尔湾姬蛙、安东暴蛙，主要分布于马达加斯加岛东岸。

发育成熟的雄番茄蛙比较瘦小，而雌蛙很肥大。雄蛙一般偏橘红色，雌蛙比雄蛙更红。别看番茄蛙四肢短小，却是游泳、潜水的好手。它们以昆虫为食，采用的是守株待兔的捕食方法。它们从不到处寻觅食物，只是耐心等待，等昆虫经过它们面前时就一口吞下。

番茄蛙遇到敌害时会将身体胀大，威吓敌害。如果这招不管用，它背部皮肤马上就会分泌出一种白色黏液，在敌害对它下口时，用黏液将敌害的嘴巴粘住，使敌害丧失攻击能力。

怪侠超级模仿秀

番茄蛙太太给雨林怪侠魔法学校的学生上的第二节课是“怪侠必修魔法之隐身术”。

“这节课本来应该由变色龙老师来上，因为隐身它最拿手。可是，现在它不辞而别，只好由我来给大家上了。隐身术的基本功就是模仿。如果能利用自己的体色和体形模仿周围的东西，就如同穿上了哈利·波特的隐形斗篷，不会轻易被敌害和猎物发现。

“我知道在座的很多都是隐身高手，但你们上课时还是要注意听讲，我会随时提问。被叫到的同学不仅要回答问题，还要展示自己的隐身作业。这节课的得分，将记入你们的期末总成绩。

“第一个问题：为什么要隐身？这个问题请面包蛇同学回答。面包蛇同学在哪儿呢？”

“老师，我叫加蓬蝰蛇，请不要叫我的外号好吗？”说话的是一条胖胖的蛇。它圆滚滚的身体上布满了枯叶般的网状斑纹，它的头就像一片正在腐烂的枯树叶。

“您提的问题太简单了。学会了隐身，就不用东奔西走追逐猎物了，只要往落叶堆里一趴，就会有猎物自己送上门来。”说完，加蓬咝蝰懒洋洋地爬回落叶堆里，让人很难分清哪是蛇，哪是落叶。

这时，不知从哪儿跑来一只小豚鼠，它根本没发现枯叶堆里的加蓬咝蝰。刚才还动作缓慢的加蓬咝蝰一反常态，闪电般地冲上去，将小豚鼠紧紧咬住。

“加蓬咝蝰同学回答得很好，隐身作业展示得也不错。”番茄蛙太太给加蓬咝蝰打了 4 分。

“第二个问题：隐身的最高境界是什么？请三角枯叶蛙同学来回答。”

“到！”从另一个落叶堆里跳出来一只蛙，体色和枯叶相差无几。它的“眼皮”很特别，呈三角状凸起，活像两个翘起的叶尖。难怪刚才小豆丁没发现它。

“我觉得隐身的最高境界，就是可以和被模仿的落叶混为一体，让别人分不清我们是动物还是植物。”三角枯叶蛙一答完题，便跳回枯叶堆里，蹲在那里一动不动。这时，小豆丁又分辨不出哪是枯叶，哪是蛙了。

“三角枯叶蛙的回答和展示也不错，4.5 分。”

“第三个问题：你认为在我们学校，谁的模仿最出色？请叶尾壁虎回答。叶尾壁虎！”

“到！”“到！”“到！”随着三声“到”，番茄蛙太太面前出现了三只长短不同、长相怪异的壁虎。

“你们谁是叶尾壁虎？”番茄蛙太太不解地问。

“我们哥仨都是叶尾壁虎。这位是我大哥，巨型叶尾壁虎；这是我二哥，地衣叶尾壁虎；我是三弟，叫撒旦叶尾壁虎。您看，我们都有一条叶子状的尾巴。”个头儿最小的壁虎一边介绍，一边伸出红红的舌头舔了一下眼睛。

的确，这三只壁虎虽然个头儿、长相不一样，但它们的尾巴都是又扁又平的，就像细长的叶子。

“那你们说，在我们学校，谁的模仿最出色？”

“其实，这个问题不用我们回答，大家的眼睛是雪亮的。我们展示完，您就知道了。”

“哥哥们，走！”小壁虎话音刚落，壁虎三兄弟便撒腿跑了出去。

三弟撒旦叶尾壁虎爬到一棵干枯的灌木上，把枯叶状的尾巴往枯枝上随意一搭，就变成了一片卷曲的枯树叶。

二哥地衣叶尾壁虎跑到一块黄绿色的苔藓上，一眨眼工夫，就没了踪影。

动作最慢的是大哥巨型叶尾壁虎，它不紧不慢地爬上树，把整个身子都趴在了树干上。由于它身体的颜色、花纹与树皮几乎一模一样，所以与树干融合得天衣无缝，连身体的轮廓都难以看出来。要不是小豆丁紧盯着它，绝对看不出树干上趴着一只壁虎。

三只叶尾壁虎就这样在大家眼前“消失”了！

“叶尾壁虎三兄弟平时苦练调色功，努力使自己的体色与藏身环境颜色一致。它们模仿得惟妙惟肖，达到了以假乱真的程度。它们就是我们学校中最棒的模仿者。”番茄蛙太太给它们打了5分。

“隐身有什么了不起啊，真有本事，就不用把自己藏起来。”忽然，一道蓝光一闪，一个声音从空中传来。是谁在说风凉话？

轻功怪侠水上漂

原来，是酷虫魔法学校那只蓝闪蝶来捣蛋了。这家伙喜欢吸食腐烂水果中已经发酵的汁液，经常喝得醉醺（xūn）醺的，然后到处捣蛋，戏弄怪侠们。怪侠们早就看它不顺眼了，尤其是叶尾壁虎哥仨。这次叶尾壁虎三兄弟好不容易有了做优等生、出风头的机会，却受到蓝闪蝶的讥讽，真是气恼得很。它们要好好教训蓝闪蝶一顿。刚好这时下课铃响了，叶尾壁虎三兄弟撒腿就去追蓝闪蝶。小豆丁也紧随其后，追了上去。

蓝闪蝶在前面飞，叶尾壁虎三兄弟在后面追。蓝闪蝶飞飞停停，有时候还故意在三兄弟的头顶上盘绕几圈，把三兄弟的肚子都快气炸了。它们发誓一定要追上蓝闪蝶。可是，追着追着，前面出现了一个池塘，它们只好停住了脚步。

蓝闪蝶飞到漂浮在池塘中的一个烂水果上，朝叶尾壁虎三兄弟叫道："会隐身的魔法师们，你们要不要来尝尝水果酒的味道？

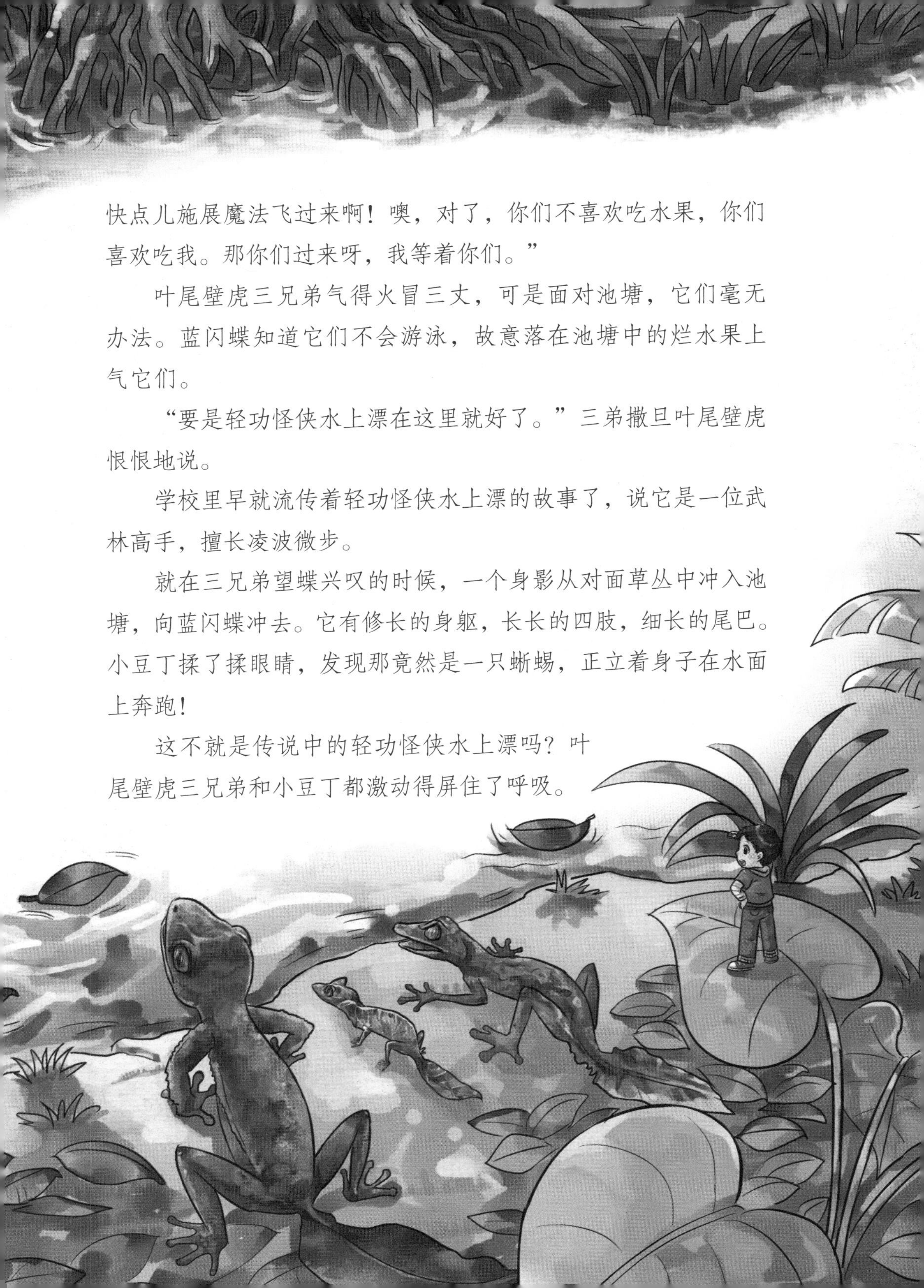

快点儿施展魔法飞过来啊！噢，对了，你们不喜欢吃水果，你们喜欢吃我。那你们过来呀，我等着你们。”

叶尾壁虎三兄弟气得火冒三丈，可是面对池塘，它们毫无办法。蓝闪蝶知道它们不会游泳，故意落在池塘中的烂水果上气它们。

“要是轻功怪侠水上漂在这里就好了。”三弟撒旦叶尾壁虎恨恨地说。

学校里早就流传着轻功怪侠水上漂的故事了，说它是一位武林高手，擅长凌波微步。

就在三兄弟望蝶兴叹的时候，一个身影从对面草丛中冲入池塘，向蓝闪蝶冲去。它有修长的身躯，长长的四肢，细长的尾巴。小豆丁揉了揉眼睛，发现那竟然是一只蜥蜴，正立着身子在水面上奔跑！

这不就是传说中的轻功怪侠水上漂吗？叶尾壁虎三兄弟和小豆丁都激动得屏住了呼吸。

蓝闪蝶只顾低头吸食果汁，根本没注意水面上来了一位不速之客。等它抬起头时，轻功怪侠水上漂已经到了它面前。蓝闪蝶扇动翅膀发出蓝光，想把面前这个怪家伙吓走，可它这一招丝毫不起作用。瞬间，它便被这个功夫高手吞到肚子里了。

当轻功怪侠水上漂回到岸上时，大家终于看清楚了，原来它是班里那个总是很沉默的蛇怪蜥蜴。

“原来，你就是隐藏在咱们学校的轻功怪侠水上漂呀！”

“快说说，你是怎么练成神功的？是腿上绑沙袋苦练而成的吗？”

“师父，请收下我们，我们要跟你学功夫。”

叶尾壁虎三兄弟你一言我一语，把蛇怪蜥蜴团团围住。

“要学轻功，得身子瘦，腿和尾巴细长。你们够条件吗？”

三兄弟你看看我，我看看你，再看看自己扁扁的身子和又长又扁的尾巴，一下子泄了气。

“不必在意，不会轻功也罢。我也不会你们的超级模仿隐身术呀。我们各有各的生存奇招。快点儿回去吧，别误了接下来的课。”说完，蛇怪蜥蜴转身而去。

蛇怪蜥蜴练轻功

蛇怪蜥蜴生活在热带雨林中的河流边，主要以昆虫为食。它是变温动物，要经常晒太阳来保持体温。晒太阳时，它很容易被敌害捕食，比如大型鸟类会从空中对它发动攻击，肉食性动物会从陆地对它发动袭击。为了保住性命，蛇怪蜥蜴练就了一种特殊的逃生本领：跳到水面上逃跑。

科学家利用高速摄像机拍摄在水面上奔跑的蛇怪蜥蜴，然后用慢镜头回放仔细观看，终于揭开了蛇怪蜥蜴水上漂的秘密。蛇怪蜥蜴在水面上奔跑时，能以最佳角度摆动两条腿，令身体向上挺，向前冲，从而使奔跑速度非常快，不易落入水中。一旦蛇怪蜥蜴的速度慢下来，它就会掉入水中，只能靠游泳逃命了。另外，蛇怪蜥蜴的身体构造也有利于它在水面上奔跑。蛇怪蜥蜴的脚趾细长，脚底覆盖着鳞片，这些都有利于保持水面平静，使它能够获得更大的支撑力。

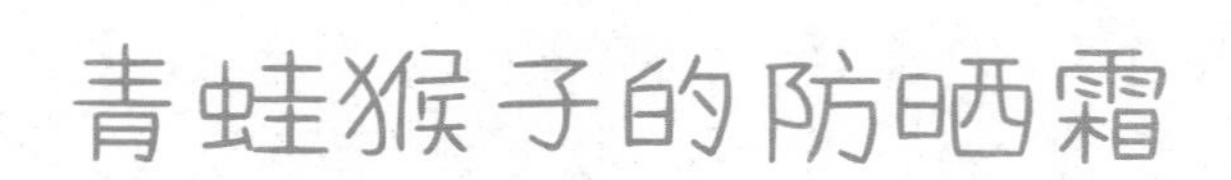

青蛙猴子的防晒霜

小豆丁和叶尾壁虎三兄弟刚回到学校，就听见了叫卖声——

“你想欣赏雨林顶端的美丽风景吗？你想来个雨林顶端一日游吗？你想享受美妙的日光浴吗？请涂青蛙猴子牌防晒霜！它可以有效阻挡紫外线，防晒指数100以上！涂了青蛙猴子牌防晒霜，保你晒不伤！各位同学，有要防晒霜的吗？”

原来，是青蛙猴子来学校推销防晒霜了。

小豆丁没有听错，来推销防晒霜的是“青蛙猴子”，而不是“青蛙王子”。

青蛙猴子不是猴子，而是一只长着虎纹腿的树蛙。它的大名叫“虎纹猴树蛙”，住在雨林顶端。它手长脚长，是攀爬高手。它在枝干上行走的样子很像猴子，还能像猴子一样

用前肢握住东西吃。最特别的是，青蛙猴子的背部能分泌蜡一样的物质，这就是它的防晒霜。它涂抹防晒霜的时候，抓耳挠腮的样子更是像极了猴子。所以，大家给它起了个外号，叫“青蛙猴子”。

可是，青蛙猴子怎么想起卖防晒霜的呢？这要从两天前说起——

两天前的那个晚上，青蛙猴子到地面城区闲逛，碰巧听到几只树蛙的对话。

“我真想白天的时候到雨林顶端去看看，哪怕只看一眼也行。”一只树蛙说。

“是啊，对于大多数呱呱怪侠来说，站在雨林顶端享受日光浴，真是一种奢（shē）望。”另一只树蛙说。

“打住，你们是咋想的？怎么能到雨林顶端去晒太阳呢？你们知道那里有多热、多干燥吗？到了那里，还不把你们晒成蛙干啊？”第三只树蛙叫道。

“可是，青蛙猴子怎么能住在雨林顶端呢？大白天的，它都能在太阳底下睡觉。它也没有被晒成蛙干啊！”第一只树蛙不服气地反驳道。

“你怎么能和青蛙猴子比，人家有防晒霜！”

听到这里，青蛙猴子灵光一闪，觉得商机来了。于是，它决定推销自己的防晒霜，还想出了前面提到的那些广告词。其实，它根本不知道什么叫防晒指数，也不知道什么是紫外线，

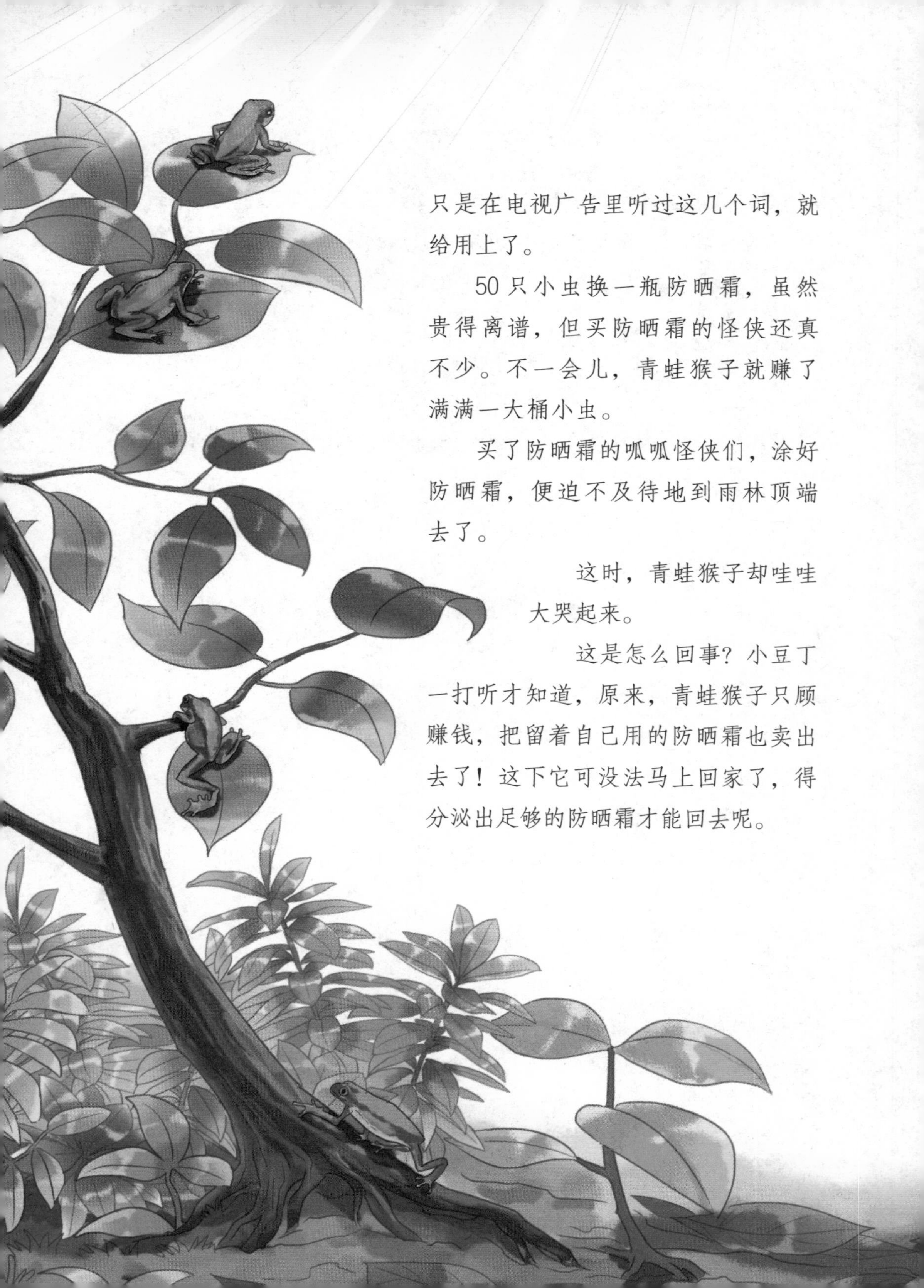

只是在电视广告里听过这几个词，就给用上了。

50只小虫换一瓶防晒霜，虽然贵得离谱，但买防晒霜的怪侠还真不少。不一会儿，青蛙猴子就赚了满满一大桶小虫。

买了防晒霜的呱呱怪侠们，涂好防晒霜，便迫不及待地到雨林顶端去了。

这时，青蛙猴子却哇哇大哭起来。

这是怎么回事？小豆丁一打听才知道，原来，青蛙猴子只顾赚钱，把留着自己用的防晒霜也卖出去了！这下它可没法马上回家了，得分泌出足够的防晒霜才能回去呢。

蛙明星趣事多

接下来的一节课是音乐课，喇叭中响起一首欢快的歌：

“雨林大门常打开，开放怀抱等你，呱呱呱。这是一个神秘的地方，你会爱上这里，呱呱呱。相约好了在一起，我们欢迎你……雨林欢迎你，为你开天辟地。雨林欢迎你，在树荫下尽情呱呱呱……”

小豆丁觉得这首歌非常熟悉，也跟着哼唱起来。忽然，他脚下传来一个声音：“你也喜欢这首歌吗？我也喜欢。”小豆丁低头一看，脚边不知什么时候来了一只长着长鼻子的小树蛙。它褐绿色的衣裳，小巧的身子，大大的眼睛，细细的鼻子，很有小木偶的风范。而且，它说话的时候，小鼻子一翘一翘的，好玩极了。

“你知道这首歌是谁唱的吗？是呱呱呱爱乐团的几位大明星唱的。我是爱乐团的粉丝，知道这几位大明星住在哪儿。你想去见见它们吗？走，跟我来！”

说起呱呱呱爱乐团，那可是无人不知无人不晓。爱乐团的几位主要成员——丽红眼蛙、透明蛙、草莓箭毒蛙、霸王蛙、达尔文蛙，都是雨林里的大明星。小豆丁早就想认识它们了，便跟着小树蛙溜出了学校。

“前面就是丽红眼蛙的家。”小树蛙指着前面一株植物说。

一听到丽红眼蛙的名字，小豆丁就兴奋。它不仅是大歌星，还是摄影家眼中的超级萌蛙，小豆丁在许多杂志上都见过它的明

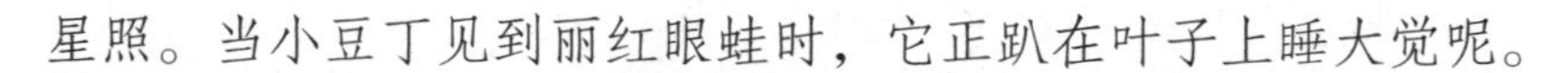

星照。当小豆丁见到丽红眼蛙时，它正趴在叶子上睡大觉呢。

丽红眼蛙的背部是淡绿色的，它闭着眼，四肢都缩在肚子下面，看起来就像一块粘在树叶上的绿油漆。怎么和杂志上见到的不一样呢？

小豆丁正纳闷儿呢，听到动静的丽红眼蛙忽然睁开眼睛，那双亮晶晶圆溜溜的大红眼睛把小豆丁吓了一大跳。紧接着，丽红眼蛙又伸出了缩在肚子下的四肢，伸了伸懒腰。它醒目的橙黄色脚趾和腰间的蓝黄色斑纹，让小豆丁眼前一亮。

“你怎么大白天睡觉啊？”小豆丁不解地问。

“因为我喜欢过夜生活，觅食、找配偶、工作都在晚上。忙了一晚上，天亮了当然要休息啦！不光我这样，透明蛙也是

夜里工作白天休息的。你瞧，它也在睡觉呢。”

透明蛙是呱呱呱爱乐团的另一位主唱，它演唱时声音多变，时而似口哨声，时而似鸟鸣声，时而又发出唧唧唧的声音。小豆丁在不远处的一棵树上见到了透明蛙。它个头儿很小，四肢纤细，正从树上往地面上爬，看起来就像一块透明玻璃。

小树蛙又领着小豆丁来到一条小溪旁。“小溪里住着呱呱呱爱乐团的指挥——霸王蛙。它虽然个头儿大，可十分胆小、害羞，平时生活在溪水中，很少抛头露面。即使偶尔上岸来，一有风吹草动也会马上跳入水中。”小树蛙悄悄告诉小豆丁。

小树蛙在岸边叫了很久，霸王蛙才从小溪里爬到岸上。哇，它的个头儿可真大！

“霸王蛙先生，你个头儿那么大，为什么不做主唱，而做指挥呢？”小豆丁不解地问。

“因为我没有鸣囊，不能发出响亮的声音，但我又特别喜欢音乐，所以……”它的声音十分细弱，与它的大块头一点儿也不相称。“不好，有情况……”话没说完，它就跳入了水中。唉，真是个胆小鬼，就是一片树叶落到水面上了嘛！

小豆丁跟着小树蛙继续往前走，又来到草莓箭毒蛙家。草莓箭毒蛙身上的颜色是鲜艳的草莓红，只有四肢是宝石蓝色的，看起来就像穿着蓝色的长筒袜。

“你不就是那位背着蝌蚪宝宝找凤梨托儿所的好妈妈吗？”小豆丁惊喜地叫道。

“呱呱呱，你认错了，你说的是我太太。”草莓箭毒蛙先生声音洪亮地说。

“你怎么白天不睡觉呢？”小豆丁有些好奇。

“我敢大白天在雨林里四处走动，是因为我有这身鲜艳的衣服。无论是蛇类还是鼠类，一看到我这身鲜艳的衣服，就知道我是有毒的，会乖乖地躲开，不敢对我下口。

“哎呀，不和你们聊了，我们乐团的达尔文蛙先生马上要生孩子了，我得赶过去看看。”

热带雨林，蛙的天堂

蛙类喜欢生活在高温湿热的地方，所以，热带雨林是它们理想的家园。热带雨林里生活着许多种蛙，它们有的模样怪异，有的具有奇特的本领和生活习性。

丽红眼蛙也叫“红眼树蛙”，白天时，它会趴在叶子上，隐蔽起来，闭着眼睛睡觉。如果被鸟或蛇这些天敌打扰，它就会猛地睁开圆溜溜的红眼睛，还会将自己橙黄色的脚和带有鲜艳蓝黄色斑纹的侧腹展露出来，趁着鸟或蛇被吓住发愣的瞬间，快速逃走。丽红眼蛙的颜色让人以为它有毒，实际上它是无毒的。

长鼻子小树蛙在2008年才被人们发现。这种树蛙中的雄性，鸣叫时“鼻子”会朝上，活动能力较弱时“鼻子”会收缩。因为“鼻子”的长短会变化，因此人们又称它为“匹诺曹树蛙”。

透明蛙个头儿不大，身体纤细，背部呈灰绿色。透明蛙的腹部是半透明的，使人可以清晰地看到它的心脏、肝以及消化道。

草莓箭毒蛙家族成员间的体色差异很大，身体有草莓红、橘、黄、绿和蓝等颜色。背上花纹的差异也很大，有些有细纹、水滴纹，有些有地图一样的花纹，还有一些没有花纹。

蛙爸蛙妈顶呱呱

蛙爸爸生孩子？小豆丁觉得很新奇，他以前只听说过海马爸爸会生孩子。小树蛙对自己的偶像要生孩子也十分好奇。于是，小豆丁和小树蛙就跟着草莓箭毒蛙，来到了雨林深处的呱呱保健院。

他们先来到呱呱保健院的候诊处，那里有几位背上鼓鼓的蛙妈妈，它们正围在一起聊天呢。

“听说前几天，猫眼蛇又扫荡了一些蛙卵，连丽红眼蛙的卵宝宝都没能幸免呢！”一位蛙妈妈说。

“是啊是啊！好多蛙妈妈都把卵产在树叶的背面，这不是专门给那些贪吃的蛇准备的吗？”另一位蛙妈妈说。

“我可不想让自己的孩子面临那么多危险。我要好好呵护自己的卵宝宝，做个负责任的妈妈。所以，我一产下卵，我家先生就帮我把卵宝宝放到背囊里了。”第三位蛙妈妈说。

小豆丁边听蛙妈妈们聊天，边跟随草莓箭毒蛙和小树蛙走进了候诊室，可是那里并没有达尔文蛙先生的身影。他们又来到了检查室。

检查室里，蛙医生正在给一位蛙太太做检查，这位蛙太太只有乒乓球大小，背上有几个鼓起的包。蛙医生把听诊器放到蛙太太的背上，听了一会儿说：“嗯，10个卵宝宝都发育得不错，不久就会变成蝌蚪了。”

“达尔文蛙先生来过吗？”草莓箭毒蛙问蛙医生。

“它呀，几分钟前刚刚检查完身体，去产房待产了。”蛙医生回答道。

小豆丁他们赶紧来到产房，却看到里氏囊蛙太太正背朝水池，蹲在水边“生”孩子呢。“可爱的小宝贝们，快出来吧！”

它一边说，一边用后脚在背部下方开了一个小口。然后，它用脚把背囊中的小蝌蚪都掏了出来。小豆丁数了数，有100多只小蝌蚪呢！

“谢谢老妈用背囊把我们孵出来！”小蝌蚪们欢快地游起来。

这时，草莓箭毒蛙终于在水池边的一堆枯叶上，找到了达尔文蛙先生。它背部碧绿，肚皮呈褐色，大腹便便。

“达尔文蛙先生，你怎么也来这里了？”这时，刚生完宝宝的里氏囊蛙太太也发现了达尔文蛙先生，“我可喜欢听你唱歌啦！你的嗓音清脆，就像银铃一般。咦，你怎么不说话呢？”

达尔文蛙先生摇了摇头。

“你不能说话？”里氏囊蛙太太关切地问。

“嗯嗯嗯。”达尔文蛙先生点点头。

“你生病了，嗓子坏了？”里氏囊蛙太太着急地追问道。

达尔文蛙先生使劲摇摇头。

“别再问它了，它马上就要生宝宝了。你们不知道吧？它可是位好爸爸。它太太产下卵之后，它就守在卵旁边。等这些卵孵化成小蝌蚪时，它就把小蝌蚪都收集到鸣囊里保护起来，让它们在自己的鸣囊里继续发育，直到发育成小蛙，才把它们‘生’出来。”草莓箭毒蛙走过来，替达尔文蛙先生回答了里氏囊蛙太太的问题。

“快看快看，它的鸣囊里有东西在动呢！呱呱，蛙宝宝快要出来了！达尔文蛙先生，坚持住！”这时，达尔文蛙先生显露出一副很难受的样子，它的鸣囊里似乎在翻江倒海。只见它张开嘴猛地打了一个嗝，一只褐色的小蛙从它嘴里跳了出来！

又是一阵翻江倒海，达尔文蛙先生一张嘴，又一只小蛙从它嘴里跳了出来。

“生”完孩子的达尔文蛙先生又能开口唱歌了。刚出生的小蛙们围在达尔文蛙先生身边，欢快地跳来跳去。小豆丁忍不住给它们鼓起掌来。

可是，当小豆丁拍第二下时，发现自己已经回到书房，坐在书桌前了。

“故事书，这回你要求我做什么，明天才能给我讲故事？”小豆丁已经有经验了。

“当你去超市时，请带上购物袋。”说着，故事书像鸟儿一样飞回到书架上。

“这是不是也和雨林有关系？”小豆丁追问道。

“没错，是和雨林有关系。”书架上传来故事书温柔的声音。

“好，我记住了。”似懂非懂的小豆丁点点头，“你明天可一定要等我来啊！”

“当然，我保证！晚安，小豆丁。”

“晚安，神奇的故事书。”

第七天，伴随着轰隆隆的雷声，小豆丁走进了书房。故事书已经在书桌上等着他了。

“又要下雨了。”故事书侧着耳朵听了一会儿。

“嗯，最近雨水真多，老下雨。”小豆丁说。

“这点儿雨可不算多，雨林里的雨那才叫多呢，尤其是雨季。今天我就给你讲一讲发生在雨林雨季里的故事吧。”

伴着滴滴答答的雨声，故事书的故事开始了——

雨季来了

雨林不像你生活的这里四季分明，它只有雨季和旱季两个季节。比如，亚马孙雨林每年5月到10月为旱季，雨季则从11月开始，一直持续到来年4月。我讲的故事就发生在亚马孙雨林里。

进入11月后，连绵的暴雨导致亚马孙雨林洪水泛滥，大片大片的树木变成了水下森林：灌木丛和低矮的树木全被淹没在水中，而大树只有树冠露在水外。

随着洪水的侵入，那些陆生动物，比如美洲虎、刺豚鼠等不得不搬走。而一些本来住在河流、水塘里的水生动物则开心地搬到了雨林里，它们欢快地在雨林里嬉戏、进餐、结婚生子。

雨林居民们忙碌而丰富多彩的雨季生活开始了。

忙碌的阿牛

阿牛是一只海牛，是雨季里最忙碌的雨林居民之一。

你可能会奇怪，雨林里怎么有海牛呢？它呀，是海牛家族中唯一一种生活在淡水里的海牛。它原来住在亚马孙河流域的河道里，随着河水的泛滥，来到了雨林。

胖胖的阿牛做什么事都是不紧不慢的，显得十分优雅。

它在雨林里开了家超级除草公司，免费为水中居民服务。雨季一来，水里的浮生植物开始加速繁殖，它的工作也随之忙碌起来。这不，早上刚睁开眼，它的电话就响了。

“喂，阿牛除草公司吗？我们是汪洋小区A区的居民。我们这个小区的水面全被水葫芦霸占了，一点儿阳光也透不下来，水里的氧气越来越少，许多植物和动物都死了，我们快受不了了。你快来帮帮我们吧！”

放下电话，阿牛立即赶往汪洋小区A区。这里其实就是以前小刺豚鼠一家住的那个街区，如今已被洪水淹没，变成了一片汪洋。

到了地方，阿牛二话不说，就开始忙活起来。它浮到水面，用厚厚的像手一样灵巧的嘴把一些水葫芦拉到水下，啊呜啊呜几口把它们咬碎吃掉。

阿牛的鼻孔上有两个盖子，到水面呼吸时把盖子打开，潜到水下时就用盖子盖住鼻孔，这样，在水下吃东西也不怕呛水。

说实话，水葫芦长得挺好看的。绿油油的叶柄鼓鼓的，像葫芦一样。尤其是它的花，紫色的花瓣围成喇叭状，有一枚花瓣的中央还长着凤眼样的蓝斑，别致而漂亮。但是，水葫芦太霸道了，长得又快，只要有它存在，别的生物日子就不好过。

吃完那些水葫芦，阿牛浮上水面，再清除另一些。就这样，它像卷地毯一样，不一会儿就清理出一片水面。

阳光透过水面照到水下，住在这里的居民们终于能见到阳光了。

“阿牛，谢谢你！”鱼儿们高兴地冲它微笑。还有许多小鱼紧紧跟在它身后，做阿牛的小跟班。因为阿牛在除草的同时，还是个移动的便便小吃店和有机肥播撒机。它总是一边除草，一边排便。它排出的粪便中，百分之四十是未被消化的食物，这些食物被它加工成了小小的食物颗粒，许多小鱼就以这些颗粒为食。而且，海牛粪便中的绝大部分营养物质都能溶解于河水中，可增加河水的营养，所以海牛粪便又是许多植物十分喜欢的有机肥料。

一天又一天，阿牛就这样不辞辛苦地工作着，清理出一片又一片水域。大家都非常喜欢它，每天都盼着它出现。

可是，接下来一连好几天，阿牛都没来清理水葫芦，这是怎么回事？

原来，阿牛的牙出毛病了，疼得它难以忍受。阿牛除草，全靠它那一口牙，牙齿出问题了还怎么工作呀！于是，阿牛来到巨型水獭胖胖的牙科诊所。

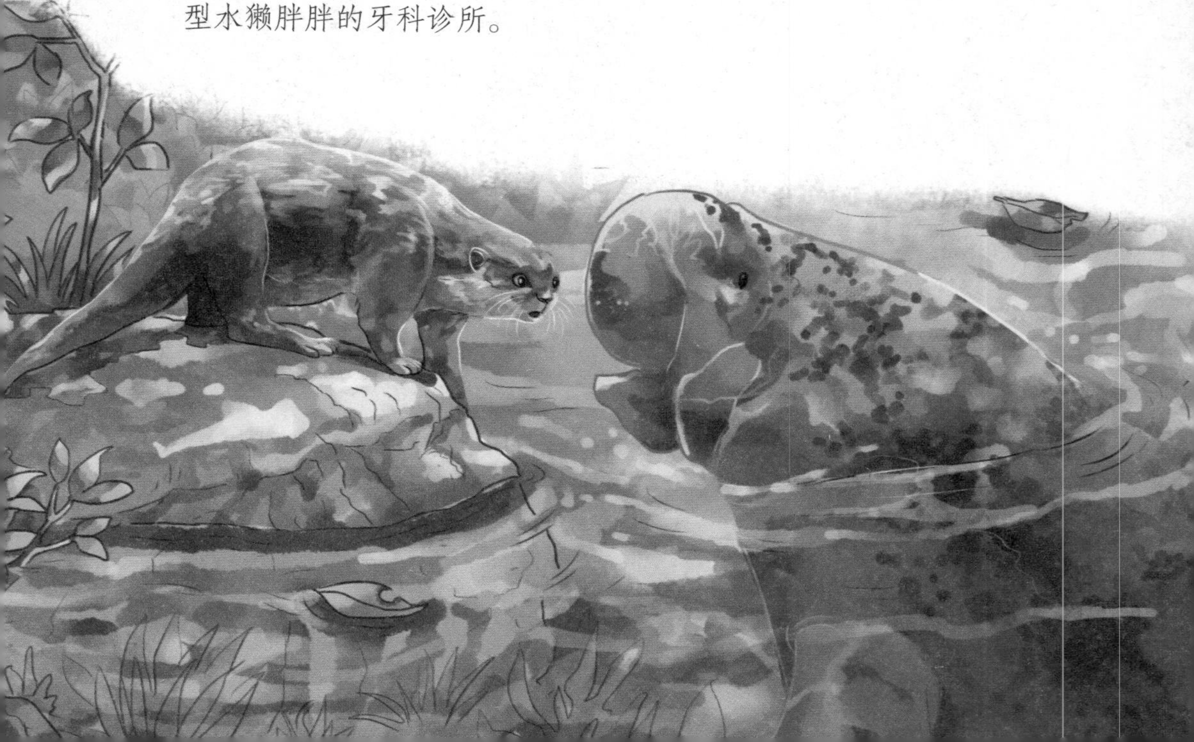

胖胖让阿牛张开嘴巴，它看了看阿牛的牙说：“噢，右下边从前数第三颗牙上有一个洞，有点儿发炎了。你先吃几天消炎药，等不疼了再来补牙。”

几天后，阿牛又来到牙科诊所。

胖胖看了看，说：“咦，好奇怪，那颗有洞的牙怎么往前跑了，变成了第二颗牙？我记得它明明在第三颗牙的位置上呀。”胖胖说着用小锤子敲了敲带洞的牙，问，“还疼吗？”

“还是有点儿疼。”

“那再过几天，等彻底不疼了你再来补。”

又过了几天，阿牛又来到牙科诊所。

“咦，真是太奇怪了！那颗有洞的牙怎么跑到最前面来了？”胖胖吃惊地盯着阿牛的嘴巴，然后拿起小锤子敲了敲带洞的牙，“还疼吗？”

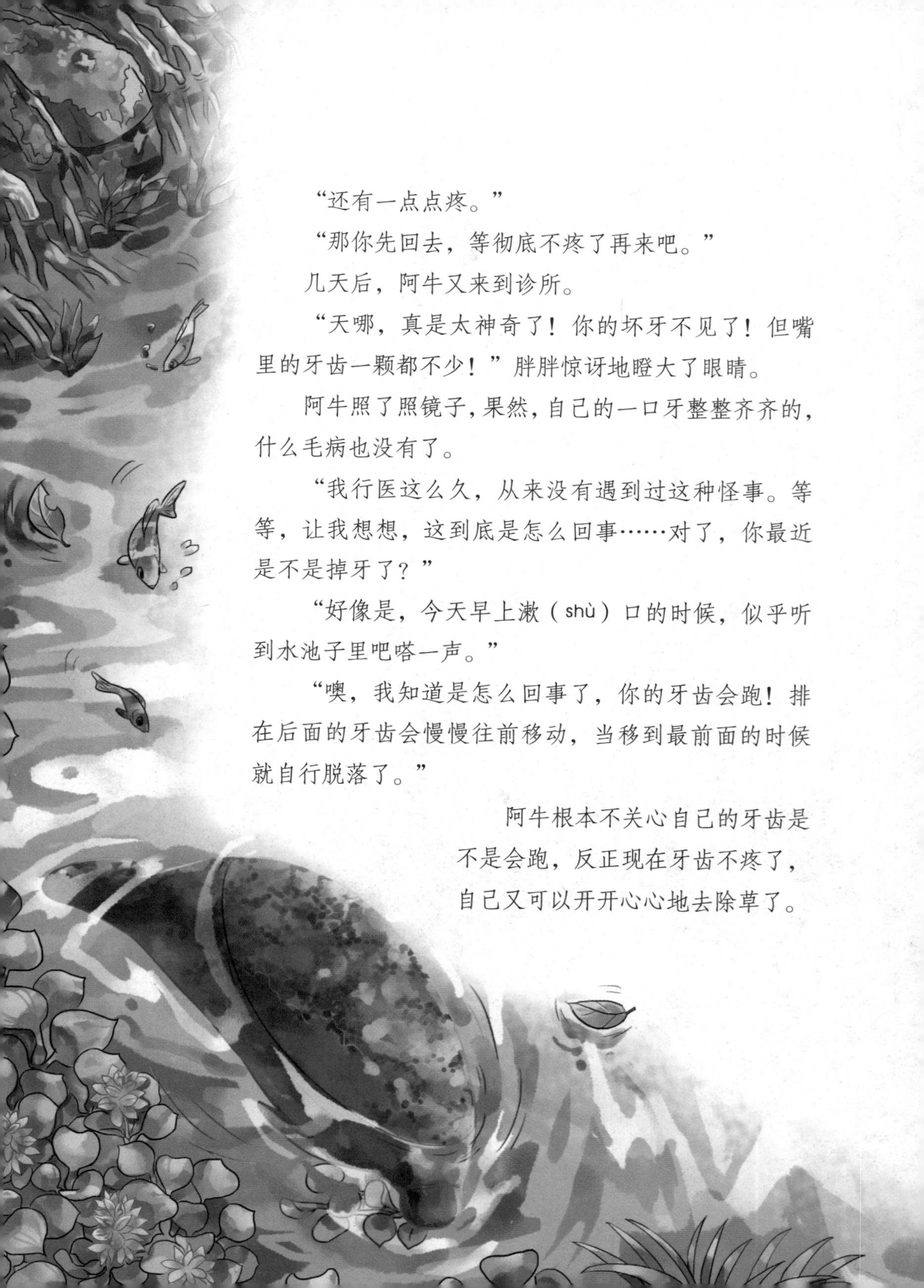

“还有一点点疼。”

“那你先回去，等彻底不疼了再来吧。”

几天后，阿牛又来到诊所。

“天哪，真是太神奇了！你的坏牙不见了！但嘴里的牙齿一颗都不少！”胖胖惊讶地瞪大了眼睛。

阿牛照了照镜子，果然，自己的一口牙整整齐齐的，什么毛病也没有了。

“我行医这么久，从来没有遇到过这种怪事。等等，让我想想，这到底是怎么回事……对了，你最近是不是掉牙了？”

“好像是，今天早上漱（shù）口的时候，似乎听到水池子里吧嗒一声。”

“噢，我知道是怎么回事了，你的牙齿会跑！排在后面的牙齿会慢慢往前移动，当移到最前面的时候就自行脱落了。”

阿牛根本不关心自己的牙齿是不是会跑，反正现在牙齿不疼了，自己又可以开开心心地去除草了。

“海牛的牙好神奇啊，竟然会跑！如果我的牙也会跑，有了坏牙我就不用怕了。”小豆丁好羡慕海牛啊。

“这是因为海牛吃的食物里纤维含量高，牙齿磨损得厉害，所以它就演化出一套特殊的牙齿替换系统。”故事书解释道，“其实，所有动物为了适应所处的环境，都会慢慢演化出与环境相应的身体结构或本领。下面，我就给你讲一个河鲜馆招雇员的故事。”

亚马孙海牛

亚马孙海牛也叫南美海牛、巴西海牛，长 2.5 至 3 米，重 350 至 500 千克，分布在巴西的亚马孙河和委内瑞拉的奥里诺科河，是淡水海牛。

亚马孙海牛不仅是唯一一种生活在淡水中的海牛，还是海牛家族中个头儿最小的。它们基本以水生植物为食。雨季是它们的开吃节。在那些日子里，它们会大吃特吃，多多储存脂肪。因为在接下来的旱季里，它们可能六个月都没有食物可吃。

海牛口腔里有四列牙，上下各两列，所有牙都是臼(jiù)齿。牙齿的更新方式与众不同，不是掉一颗后再重新长出一颗，而是整列牙齿由颌的末端水平往前移动，新牙从末端长出。当某颗牙移动到颌的最前端时，牙根会逐渐被吸收，牙齿最终脱落。海牛终生都在进行牙齿更换。

胖胖招雇员

这个故事和巨型水獭胖胖有关。其实，开牙科诊所只是胖胖的第二职业，它的第一职业是河鲜馆老板。

以前，胖胖都是自己捉鱼。但现在河鲜馆越开越大，它自己又捉鱼又当老板忙不过来了，所以它想招个帮手。

胖胖贴出了一份招聘启事：

现招聘捉鱼工一名，要求是哺乳动物，适应水下生活，热爱捉鱼这份职业。捉鱼技能最好超过本店老板，或与本店老板不相上下。待遇面谈。

其实，它的本意是招一名和自己一样的巨型水獭，如果能招到一名水獭妹妹那就更好了。

不一会儿，就有应聘者上门了。只见这个应聘者有着流线型的身躯，光滑的皮肤，小小的眼睛，大大的额头，长长的嘴。更奇特的是，它的皮肤是粉色的！它不是水獭，而是一只海豚！

雨林里怎么会有海豚呢？而且还是一只粉色的海豚！

胖胖揉了揉眼睛，仔细看了看，没错，眼前这个应聘者就是一只粉色的海豚。

“您好，我叫阿雅。”不等胖胖开口，粉色海豚便自报家门。

“你——是——海豚？”胖胖试探着问。

“对呀！我是海豚。”

“我记得海豚都住在海里，你怎么跑到雨林里来了？”

“噢，我是亚马孙海豚，是一种淡水海豚。我以前住在亚马孙河流域，这不，雨季来了，我就随着洪水来到了这里。听说您店里要招捉鱼工，我是来应聘的。”

一听这话，胖胖明白了：“能不能说一说，你和生活在海里的海豚有什么不一样？”

“如果将大海比作城里，我们亚马孙雨林就是乡下。但我们比城里的亲戚体格更魁（kuí）梧（wu），精力更旺盛，行动更敏捷。”说着，阿雅用一只胸鳍（qí）向前划动，同时另一只胸鳍向后划动，在狭窄的空间里原地转起圈来，像跳华尔兹。

“可是，你的背鳍怎么了？”胖胖盯着阿雅背上不起眼的背鳍问。

“是不是觉得它太小了？雨林的水下到处是浓密的灌木、盘根错节的枝蔓，背鳍太大，万一被缠住可就麻烦了。所以，我们亚马孙海豚的背鳍都变得很小。”

“那你能不能展示下你的捉鱼技巧？”其实，这才是胖胖最关心的。

“没问题。”说完，阿雅游进一片阴暗的水下森林里。只见阿雅在林间一边灵巧地游动，一边不断地转动脑袋，寻找捕猎目标。忽然，它冲向一条小鱼，那小鱼却哧溜一下往灌木丛里跑去。说时迟那时快，阿雅猛冲过去，伸出长嘴，一口将小鱼咬住。

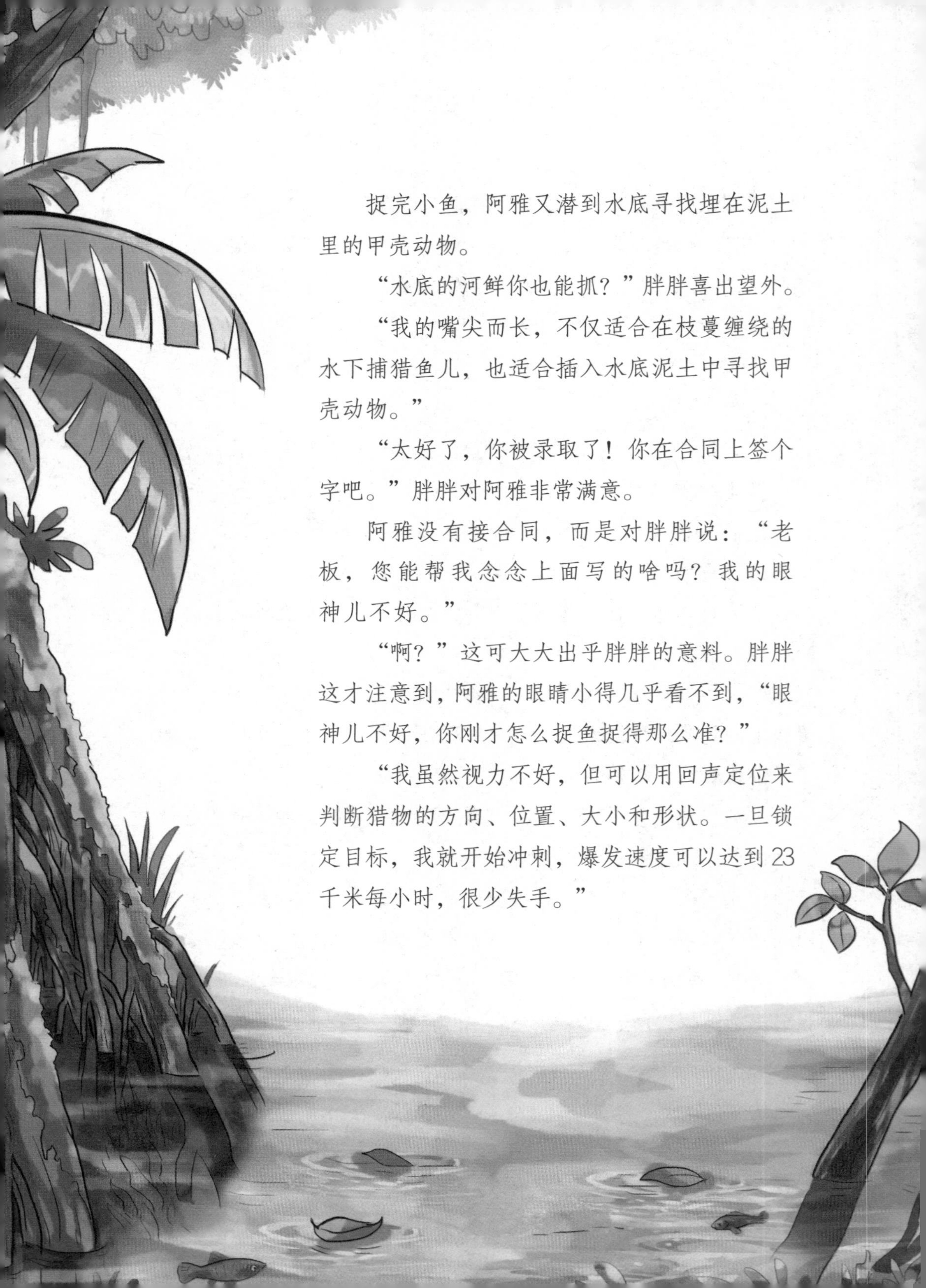

捉完小鱼，阿雅又潜到水底寻找埋在泥土里的甲壳动物。

“水底的河鲜你也能抓？”胖胖喜出望外。

“我的嘴尖而长，不仅适合在枝蔓缠绕的水下捕猎鱼儿，也适合插入水底泥土中寻找甲壳动物。”

“太好了，你被录取了！你在合同上签个字吧。”胖胖对阿雅非常满意。

阿雅没有接合同，而是对胖胖说：“老板，您能帮我念念上面写的啥吗？我的眼神儿不好。”

“啊？”这可大大出乎胖胖的意料。胖胖这才注意到，阿雅的眼睛小得几乎看不到，“眼神儿不好，你刚才怎么捉鱼捉得那么准？”

“我虽然视力不好，但可以用回声定位来判断猎物的方向、位置、大小和形状。一旦锁定目标，我就开始冲刺，爆发速度可以达到23千米每小时，很少失手。”

胖胖想，反正自己的河鲜馆招的是捉鱼工，只要捉鱼本事大，眼神儿好不好又有什么关系呢？于是，阿雅就成了胖胖河鲜馆的一名雇员。

“阿牛忙着除草，胖胖忙着招员工，大家伙儿可真够忙的。”小豆丁不由得感叹道。

“雨季本来就是一个忙碌的季节，许多鱼儿还要在这个季节里结婚生子呢。接下来我再给你讲个鱼宝宝的故事吧！”说着，故事书往后翻了一页。

亚马孙海豚

亚马孙海豚也叫亚马孙河豚，是亚马孙河和奥里诺科河流域特有的物种。成年亚马孙海豚的身体呈粉色，刚出生的豚宝宝和少年豚的体色则是蓝灰色的。

虽然亚马孙海豚的外表与它们海里的亲戚——海豚很像，但如果仔细观察的话不难发现，与海里的亲戚相比，它们的背鳍很小，胸鳍更长，额头更突出，嘴更尖更长。而且，它们还有一些令海里的亲戚羡慕的本事，比如，会摇头。它们的头可以左右转动各 90 度，在海里生活的海豚的头则不能转动。

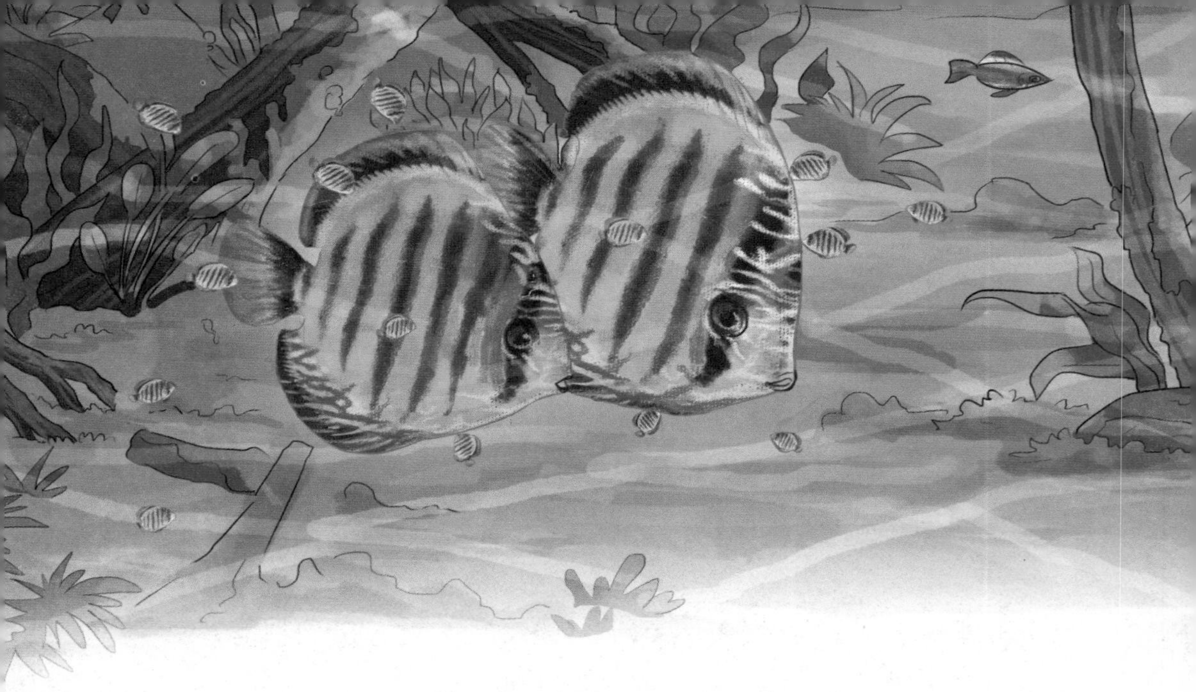

爱吃奶的鱼宝宝

在雨季，雨林水下幼儿园里也很热闹，因为许多鱼都选择在雨季里生宝宝。

开饭时间到了，小一班的老师——霓（ní）虹脂鲤小小为自己班上的鱼宝宝们准备了新鲜的水蚤。小一班的小鱼们都是刚出生的鱼苗。

“老师，小盘丽鱼们不吃饭！”有小朋友向小小老师报告。

小小老师过来问小盘丽鱼：“你们为什么不吃饭？看，多么新鲜的水蚤啊！”

“老师，我们不吃水蚤，我们要吃奶。”其中一条小盘丽鱼奶声奶气地说。

“吃奶？”

“嗯，我们要吃爸爸妈妈身上的奶。”

小小老师越听越糊涂了：“吃爸爸妈妈身上的奶？我只知道哺乳动物小时候吃妈妈的奶。我们是鱼，怎么能吃奶呢？再说了，爸爸怎么会有奶呢？别闹了，乖宝宝们，快吃饭吧！”

“不，我们就要吃奶。我们要爸爸妈妈！”小盘丽鱼们说着说着竟然都哭了起来。

小小老师怎么哄也不行，实在没办法了，只好给小盘丽鱼的妈妈打电话：“喂，您是小盘丽鱼的妈妈吗？您的孩子不吃饭，哭喊着要吃奶。我实在没辙（zhé）了。您快过来看一下吧！”

“噢，老师，您别着急，我们马上就到。”

小小老师放下电话没两分钟，小盘丽鱼的爸爸妈妈就出现在幼儿园了。盘丽鱼是雨林里最漂亮的鱼，它们的身子像圆盘，上面还有美丽的斑纹。小盘丽鱼们一见到爸爸妈妈，高兴坏了，一窝蜂地拥到爸爸妈妈身边，迫不及待地张开小嘴嘬（zuō）起爸爸妈妈的皮肤来。

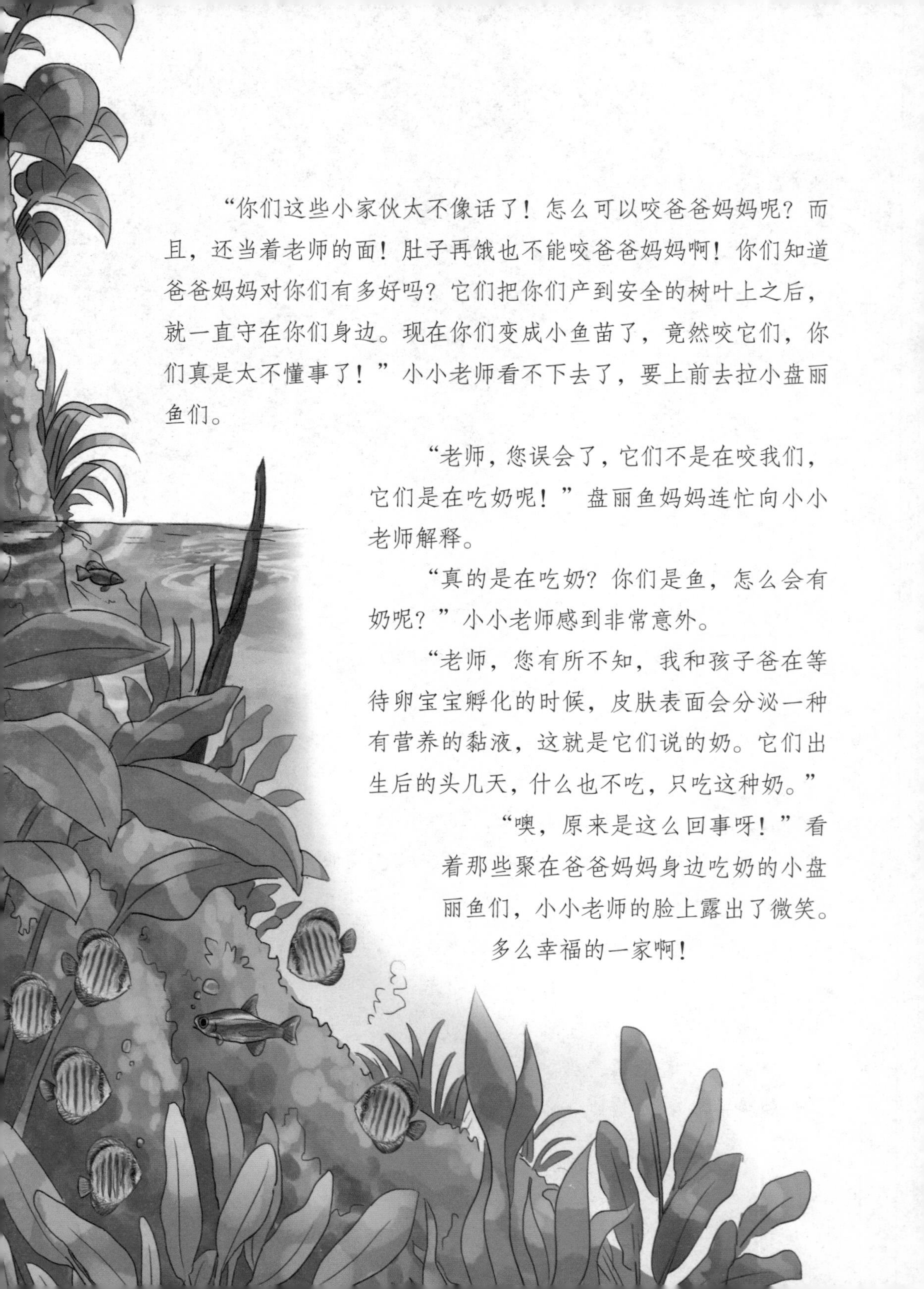

“你们这些小家伙太不像话了！怎么可以咬爸爸妈妈呢？而且，还当着老师的面！肚子再饿也不能咬爸爸妈妈啊！你们知道爸爸妈妈对你们有多好吗？它们把你们产到安全的树叶上之后，就一直守在你们身边。现在你们变成小鱼苗了，竟然咬它们，你们真是太不懂事了！”小小老师看不下去了，要上前去拉小盘丽鱼们。

“老师，您误会了，它们不是在咬我们，它们是在吃奶呢！”盘丽鱼妈妈连忙向小小老师解释。

“真的是在吃奶？你们是鱼，怎么会有奶呢？”小小老师感到非常意外。

“老师，您有所不知，我和孩子爸在等待卵宝宝孵化的时候，皮肤表面会分泌一种有营养的黏液，这就是它们说的奶。它们出生后的头几天，什么也不吃，只吃这种奶。”

“噢，原来是这么回事呀！”看着那些聚在爸爸妈妈身边吃奶的小盘丽鱼们，小小老师的脸上露出了微笑。

多么幸福的一家啊！

“小盘丽鱼的爸爸妈妈对它们真好。”小豆丁这是第一次听说鱼的爸爸妈妈会产奶喂自己的宝宝。

“那是必须的。不过，银龙鱼老爸也不赖。它每天都用大嘴巴士接送它的宝宝们。”

“大嘴巴士？”小豆丁睁大了眼睛，他知道，接下来的这个故事肯定更有趣。

有爱的奶爸奶妈

在雨林里，许多鱼会选在雨季繁殖，比如盘丽鱼、银龙鱼等。

盘丽鱼也叫七彩神仙鱼，原产于南美洲亚马孙河流域。它们是一种漂亮的鱼，也是一种很有责任心的鱼。雨季里，鱼爸鱼妈会深入到水下树丛深处去产卵，这样不容易被敌害发现。它们把卵产在树叶的背面，守护在旁边。它们不时用胸鳍扇卵，用嘴吹卵，以使卵宝宝得到充足的氧气，直到两天后卵宝宝孵化成小鱼为止。平时，鱼爸鱼妈身上有美丽的斑纹，但在照顾卵宝宝和小鱼期间，斑纹会变淡，体色也变得不如之前那么明亮了。这时，鱼爸鱼妈的皮肤上开始分泌一种被称为“盘丽鱼乳”的黏液。刚孵化出来的小盘丽鱼只吃爸爸妈妈身上的这种“奶”，直到它们可以自己捕食浮游动物为止，才会断“奶”。

帅老爸的大嘴巴士

零——

放学的铃声响了，雨林幼儿园的小鱼们排着队游出校门。

“小银龙鱼宝宝，老爸来接你们了！”小银龙鱼们刚出校门，老爸就游了过来。如果说盘丽鱼是雨林里长得最漂亮的鱼，那银龙鱼老爸就是长得最帅的鱼。它每天都接送自己的宝宝们。

以前，银龙鱼老爸都是远远地躲在老师和同学们看不到的转角处，等小银龙鱼们游过来时再把它们接走。可这一次，老爸接子心切，小银龙鱼们一出校门，它就冲了过去，张开大嘴，将小银龙鱼们一一含到嘴里。

“天哪，老爸吃自己的宝宝啦！”在场的师生们都被银龙鱼老爸的举止吓呆了。

当看到惊呆的老师和同学们时，银龙鱼老爸忽然意识到自己太莽（mǎng）撞了。它连忙张开嘴，把小银龙鱼们都吐了出来，然后不好意思地退回到家长等候线以外。

“老爸，跟您说过多少遍了，您要在转角处等我们，您怎么忘了？真是的！”

“这下我们可丢脸了，小朋友和老师们都知道我们每天是乘老爸的大嘴巴士来的了。”

小银龙鱼们七嘴八舌地埋怨起老爸来。银龙鱼老爸只是在一边嘿嘿地傻笑。

“您这样惯孩子可不行，它们又不是不会游泳。”明白了事情真相的小小老师，游过来批评银龙鱼老爸。

“嘿嘿，我不是不放心它们嘛。您看这雨林里多乱啊，前天还报道了枯叶小妖怪吃小鱼的事件呢！不把它们含在嘴里我怎么能放心呢？老师再见！我们走了！”不等小小老师再说什么，银龙鱼老爸一口“吃下”小银龙鱼们，掉转身子游走了。

游到一处安静的地方，银龙鱼老爸张开嘴：“下车！”50 多条小银龙鱼从老爸嘴里拥出来。

“你们只能在附近玩儿，不可以离我太远，听到了

没有？”银龙鱼老爸嘱咐了又嘱咐。

“听到了听到了，真唠叨！”

“老爸，我们都不是一两天大的小鱼了，我们都快两周大了。”

“就是。从我们是卵蛋蛋的时候您就把我们含在嘴里，现在，我们变成小鱼了，您还动不动就把我们藏到嘴里，什么时候才让我们自己出去闯荡啊！”

小家伙们又七嘴八舌地发起了牢骚。

“别急，你们还差得远呢，要学的东西还有很多。比如，如何在雨林江湖里生存，如何躲避敌害，如何在水里打猎，如何吃树上的昆虫和蝙蝠……”

“吃树上的昆虫和蝙蝠？老爸，您吹牛！”

“老爸可从不吹牛。在雨季里，我们银龙鱼不光吃水里的小鱼小虾，还吃树上的昆虫、蝙蝠，换换口味，改善生活。”银龙鱼老爸帅帅地甩了甩嘴巴上的两根胡须。

“知道老爸今天为什么急匆匆地接你们来这里吗？”银龙鱼老爸用胸鳍指着水面上方的一根树枝说，“看到树叶上那只蚱蜢没有？”

小银龙鱼们争先恐后地浮到水面去看。“看到了！看到了！”

“我能把它捉住吃掉，你们信不信？”

“不信！它又不是在水里，还待在那么高的地方，您又不会

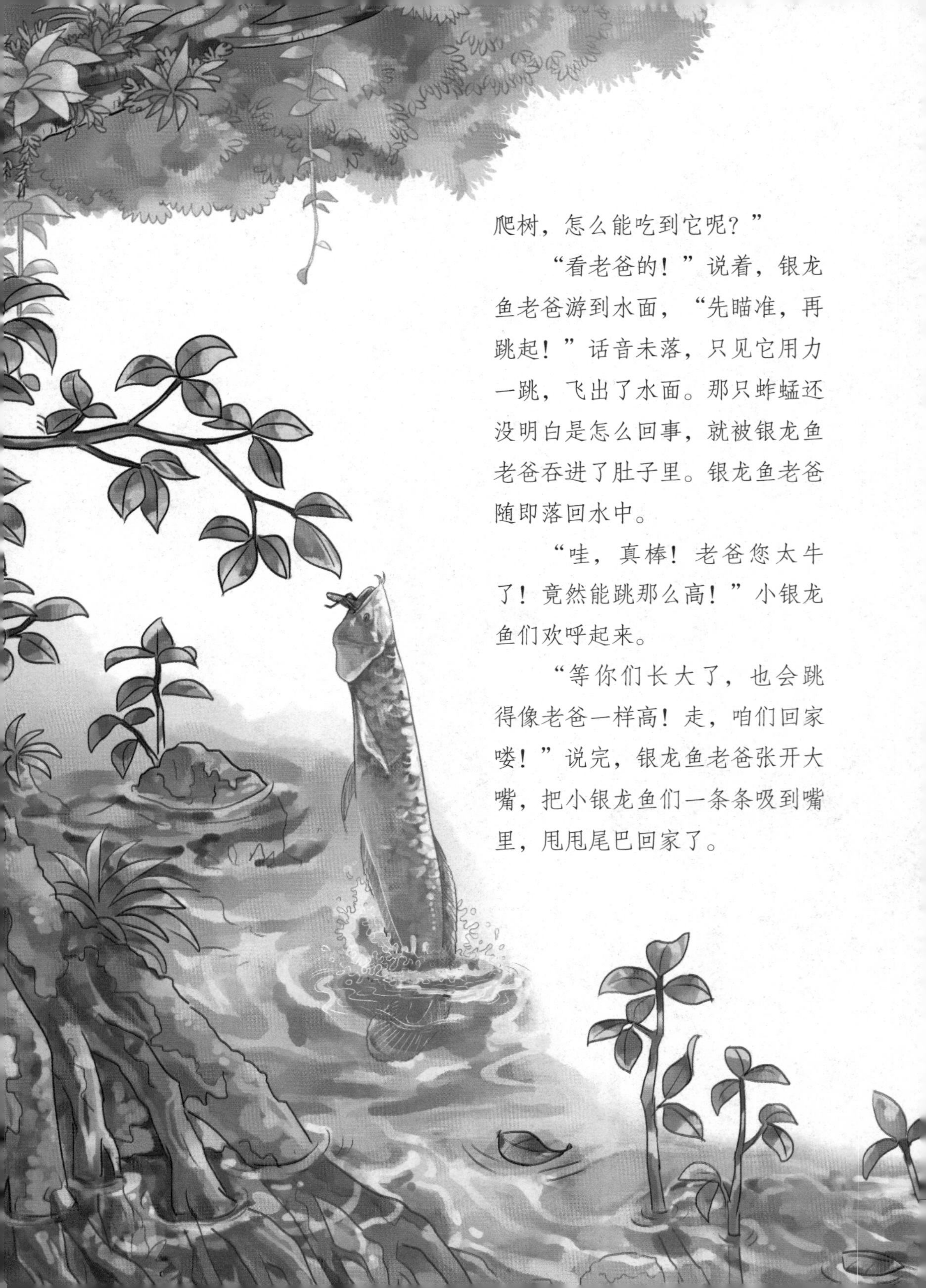

爬树，怎么能吃到它呢？”

“看老爸的！”说着，银龙鱼老爸游到水面，“先瞄准，再跳起！”话音未落，只见它用力一跳，飞出了水面。那只蚱蜢还没明白是怎么回事，就被银龙鱼老爸吞进了肚子里。银龙鱼老爸随即落回水中。

“哇，真棒！老爸您太牛了！竟然能跳那么高！”小银龙鱼们欢呼起来。

“等你们长大了，也会跳得像老爸一样高！走，咱们回家喽！”说完，银龙鱼老爸张开大嘴，把小银龙鱼们一条条吸到嘴里，甩甩尾巴回家了。

“银龙鱼老爸真好！那个——它说的枯叶小妖怪是怎么回事？”小豆丁歪着脑袋问。

“要知道，雨季的雨林里不仅有温馨（xīn），有欢乐，也有危险。”故事书一边说着一边把书翻到新的一页。

会跳的银龙

银龙鱼也叫双须骨舌鱼，主要栖息在亚马孙河支流的水潭及岸边被水淹没的灌木丛中。

银龙鱼的大眼睛长得很靠前，视力十分好。它的背鳍和臀（tún）鳍很长，腹鳍离头比较近，它们是银龙鱼能跃出水面的利器。银龙鱼在南美洲有“跳跃鱼”和“水猴子”的美称。

鱼 中 慈 父

银龙鱼老爸是出了名的慈父。鱼卵刚产出来，银龙鱼老爸就迅速将它们一枚枚含在嘴里保护起来，并让它们在嘴里孵化。50到60天之后，小鱼孵出。为保护小鱼，银龙鱼老爸仍把小鱼含在嘴里，直到它们开始学习摄食技能。在这期间，银龙鱼老爸几乎不吃东西。

枯叶小妖怪

雨季一来，关于枯叶小妖怪的传说又在雨林里传开了。小鱼们都说，水里来了一些长得像枯树叶的小妖怪，专吃没有防备的小鱼。

阿牛也发现，跟在自己身后吃便便餐的小跟班少了好多，问来问去，大家都说它们是被枯叶小妖怪吃了。

阿牛可不相信水里有什么枯叶小妖怪，认为一定是谁伪装成枯叶的样子袭击小鱼。可这个坏蛋是谁呢？思前想后，阿牛一下子想到了那个曾在“雨林动物伪装大赛”中获得水下组最佳伪装奖的枯叶龟。

为了证实自己的猜测，阿牛来到了枯叶小妖怪经常出没的地方，躲在一棵大树后，静等枯叶小妖怪出现。前面的河水有点儿浅，阳光像金子一样洒在水下的枯树叶上，有几条小鱼正在觅食。阿牛看到，一条小鱼游到一片枯树叶附近，忽然，那片枯树叶动了一下，小鱼消失了。又过了一会儿，又一条小鱼游到这里，那片枯树叶又动了一下，小鱼又不见了。这下阿牛看清楚了，吃小鱼的正是自己要找的伪装高手——枯叶龟！只眨眼的工夫，可怜的小鱼便被它吞进了肚里。

虽然亲眼看到了枯叶龟捕食小鱼，但阿牛还是想让枯叶龟自己承认，它就是那传得沸沸扬扬的枯叶小妖怪。但是，枯叶龟的回答让阿牛大吃一惊。

“可爱的阿牛，你说雨林中传得沸沸扬扬的水中枯叶小妖怪就是我？这个嘛，你只说对了一半，因为我只住在浅水区，那些深水区的枯叶小妖怪可不是我哦。”

“为什么你只住在浅水区？”

“还不是因为我的潜水技术不好，要经常到水面上换气。我住在比较浅的水中，只要伸长脖子，

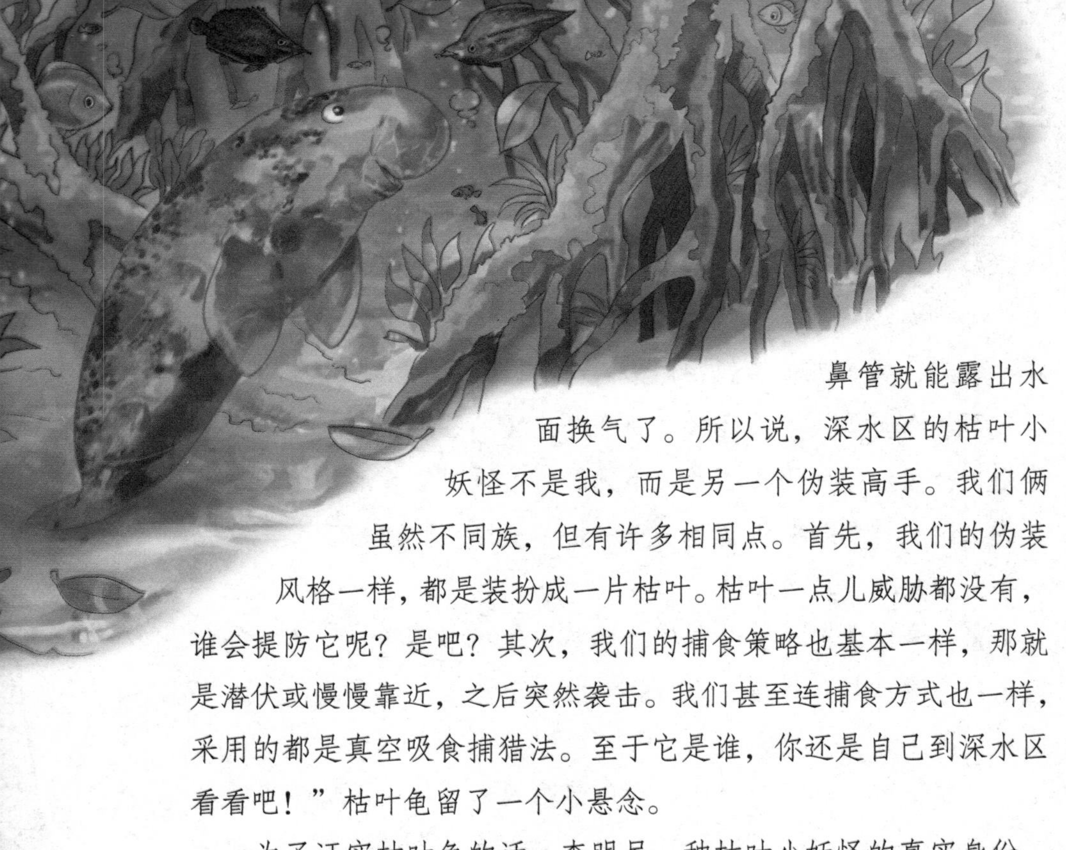

鼻管就能露出水面换气了。所以说，深水区的枯叶小妖怪不是我，而是另一个伪装高手。我们俩虽然不同族，但有许多相同点。首先，我们的伪装风格一样，都是装扮成一片枯叶。枯叶一点儿威胁都没有，谁会提防它呢？是吧？其次，我们的捕食策略也基本一样，那就是潜伏或慢慢靠近，之后突然袭击。我们甚至连捕食方式也一样，采用的都是真空吸食捕猎法。至于它是谁，你还是自己到深水区看看吧！”枯叶龟留了一个小悬念。

为了证实枯叶龟的话，查明另一种枯叶小妖怪的真实身份，阿牛又来到深水区。这里有更多的小鱼，它们在成群地活动。

风吹树动，几片枯树叶从树上掉下来，落到水里，与水中的枯叶混在一起。在那些悬浮的枯叶中，有一片正悄悄地向小鱼群靠近。虽然它看起来很像一片随波逐流的枯树叶，但如果仔细观察就会发现，它身上有透明的小胸鳍，还在拼命地摇动。这是一条活生生的鱼——枯叶鱼！

就在这时，一条无知的小鱼游到枯叶鱼身边，只见枯叶鱼猛地张开大嘴，一口把小鱼吸进了肚里。闭上嘴之后，它又成了一片随波逐流的“枯树叶”。

与枯叶龟说得丝毫不差！

“啊哈，原来雨林中的枯叶小妖怪就是枯叶龟和枯叶鱼啊。我得赶紧告诉大家去。”阿牛转身往家游。

“呼——”小豆丁长舒了一口气，“感觉好像在听惊险的破案故事。”

“好了，别太紧张了，放松一下。接下来我给你讲讲怪食客的故事。”

水下枯叶怪

枯叶龟又名玛塔蛇颈龟，分布于南美洲北部的河流里。虽说是龟，但枯叶龟在龟家族中绝对属于另类。它的背，形状和颜色都似枯叶，上面长着水藻，与周围环境融为一体。大而扁平的头也像一片枯叶，细长的鼻子像是叶柄。与众不同的是，它的头颈上长了一些小肉瘤，像刘海一样。不知道的人还以为它在扮酷，其实这些肉瘤既是它的雷达，又是它的诱饵。由于有很好的伪装，它常常潜伏在水底静静地等候猎物上钩。

枯叶鱼又名叶鱼，老家在亚马孙河。它身上的配色和周遭的枯叶一模一样。它的下唇长了一个长长的毛茸茸的东西，就像一个鱼饵，可引诱无知的小鱼向它靠近。最神奇的是，它的嘴巴可迅速伸长，把鱼儿吸进嘴里。

老板，来份彩蛋

雨季的小吃店特别忙碌，最忙最热闹的当数水上小吃一条街了。随着雨季的到来，各种各样的鲜花、水果，还有坚果小店一个接一个地开业了。因为许多植物只在雨季开花、结果。

这天，橡胶果老板接到了一个来自水下的电话：“喂，是橡胶果小店吗？给我们送份外卖，我们要一些彩蛋，请送到汪洋小区B区7号。”

彩蛋就是橡胶树的种子，是橡胶果小店的招牌小吃。由于橡胶种子的外形像鸟蛋，上面还有一些豹纹，所以，顾客喜欢称它为彩蛋。

“个儿大光滑，外形美观，形如鸟蛋，有机生长，全绿色无污染，太阳烘（hōng）焙（bèi），口感坚硬，味道俱佳。”这是橡胶果小店为它的彩蛋打的广告。

“你是不是打错电话了？我这里的彩蛋是坚果不是浆果，很硬的，你能咬动吗？”橡胶果老板这是头一次接到水下客人的电话。而且，它清楚地记得，住在汪洋小区B区的都是鱼。

“当然能啦！我们就好这一口。别说你的彩蛋了，连巴西坚果我们都能咬碎。快点儿送来吧，我们都快饿死了。”电话里的顾客说。

“那好吧。”橡胶果老板开始准备彩蛋了。它将成熟的像球一样的橡胶果挂在枝头，让太阳帮它烘焙。不一会儿，果子

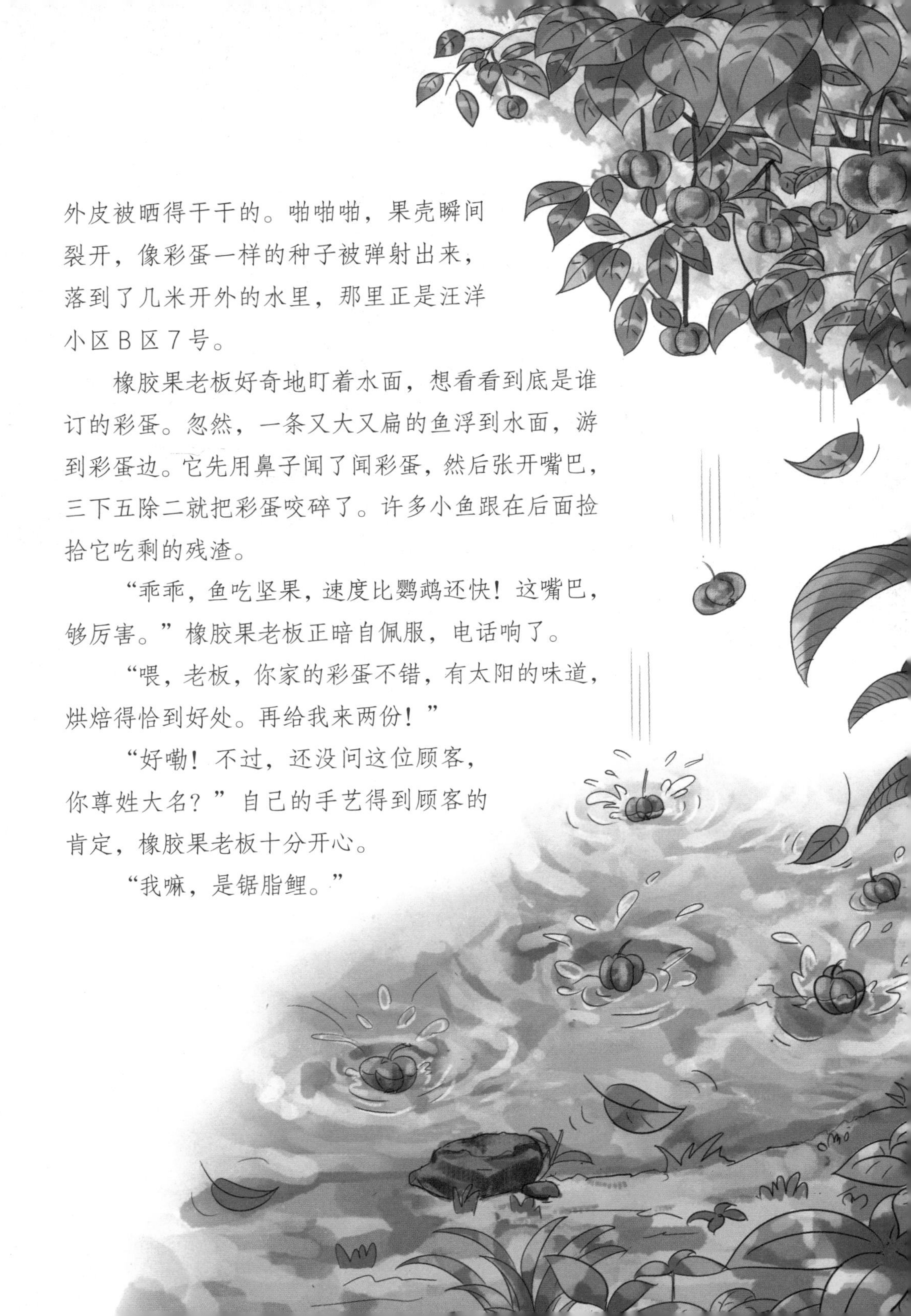

外皮被晒得干干的。啪啪啪，果壳瞬间裂开，像彩蛋一样的种子被弹射出来，落到了几米开外的水里，那里正是汪洋小区B区7号。

橡胶果老板好奇地盯着水面，想看看到底是谁订的彩蛋。忽然，一条又大又扁的鱼浮到水面，游到彩蛋边。它先用鼻子闻了闻彩蛋，然后张开嘴巴，三下五除二就把彩蛋咬碎了。许多小鱼跟在后面捡拾它吃剩的残渣。

“乖乖，鱼吃坚果，速度比鹦鹉还快！这嘴巴，够厉害。”橡胶果老板正暗自佩服，电话响了。

“喂，老板，你家的彩蛋不错，有太阳的味道，烘焙得恰到好处。再给我来两份！”

“好嘞！不过，还没问这位顾客，你尊姓大名？”自己的手艺得到顾客的肯定，橡胶果老板十分开心。

“我嘛，是锯脂鲤。”

“啊？锯脂鲤？这……这不是恐怖的食人鱼的大名吗？食人鱼怎么改吃素了？要是别的顾客知道自己为可恶的食人鱼服务，那谁还敢来啊。”橡胶果老板想到这儿吓得一哆嗦，电话差一点儿从手里掉下去。

电话另一端的客人似乎感觉到了橡胶果老板的异常：“喂，老板，你怎么不说话了？你放心，我不是食人鱼，我是它堂哥，我只喜欢吃果子。快点儿吧，我的肚子都咕咕叫了。”

噢，原来是食人鱼的堂哥啊，难怪嘴巴这么厉害！

小吃街的这边，橡胶果小店的老板忙着接待水下的客人。同一时刻，小吃街的另一头，棕榈果自助餐厅也接待了一群奇怪的客人。

食人鱼的素食亲戚

锯脂鲤是生活在亚马孙河里的淡水鱼，因腹部有锯齿状的龙骨而得名。锯脂鲤有很多种，大部分是素食者，以树上掉到河里的果实和腐木、藻类、有机物碎屑等为食。只有少数是肉食者，其中最凶猛的就是具有食人鱼之称的塔氏锯脂鲤。塔氏锯脂鲤腹部有漂亮的红纹，俗称红腹比拉鱼、红腹锯脂鲤。而故事中的锯脂鲤大名叫大盖锯脂鲤，爱吃素，常在果实丰富的雨季寻找掉到水中的果实吃。

自助餐厅的怪客人

棕榈果自助餐厅的老板坐在吧台后，刚拿起一份报纸，一群长相奇特的猴子就走了进来。它们身上披着长而浓密的棕色毛发，尾巴又短又粗，蓬松着拖在屁股后面。它们的脸和头竟然是鲜红的，而且没有毛发，光秃秃的，就像顶了一颗红红的番茄脑袋，真是又丑又可怕。

“你们……要……干什么？”老板吓得话都说不利索了。

“你这里不是棕榈果自助餐厅吗？我们来这里是要用餐的啊。”猴群中一个脸最红的猴子答道。

“可是，本餐厅只有棕榈果呀。要不你们去隔壁的鸡蛋果水果店看看？它家的鸡蛋果甜软汁多，许多猴子都喜欢吃。”棕榈果老板平时接待的都是鹦鹉、松鼠之类的食客，还是头一次遇到猴子客人。

“我们就爱吃棕榈果。”没想到红脸客人根本就不领情。

“可是，我这里的棕榈果很硬，诸位能咬动吗？”棕榈果老板担心这些客人是故意来找碴儿的。

“别小瞧我们，我们可是猴家族中少有的吃坚果专家。”红脸猴一咧嘴，露出了尖尖的牙齿。

“那你们请用餐吧！我们这里是自助餐厅，果子都在上面呢。”棕榈果老板不敢再说什么了，指了指挂在枝头的棕榈果。

棕榈果老板是这样想的：反正那些果子都在高处，这些猴子看起来笨笨的，能不能摘到果子都是个问题，说不定它们会知难而退，知趣地离开。

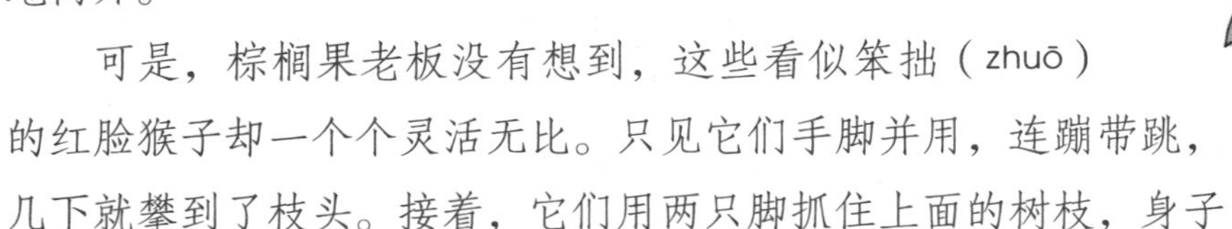

可是，棕榈果老板没有想到，这些看似笨拙（zhuō）的红脸猴子却一个个灵活无比。只见它们手脚并用，连蹦带跳，几下就攀到了枝头。接着，它们用两只脚抓住上面的树枝，身子

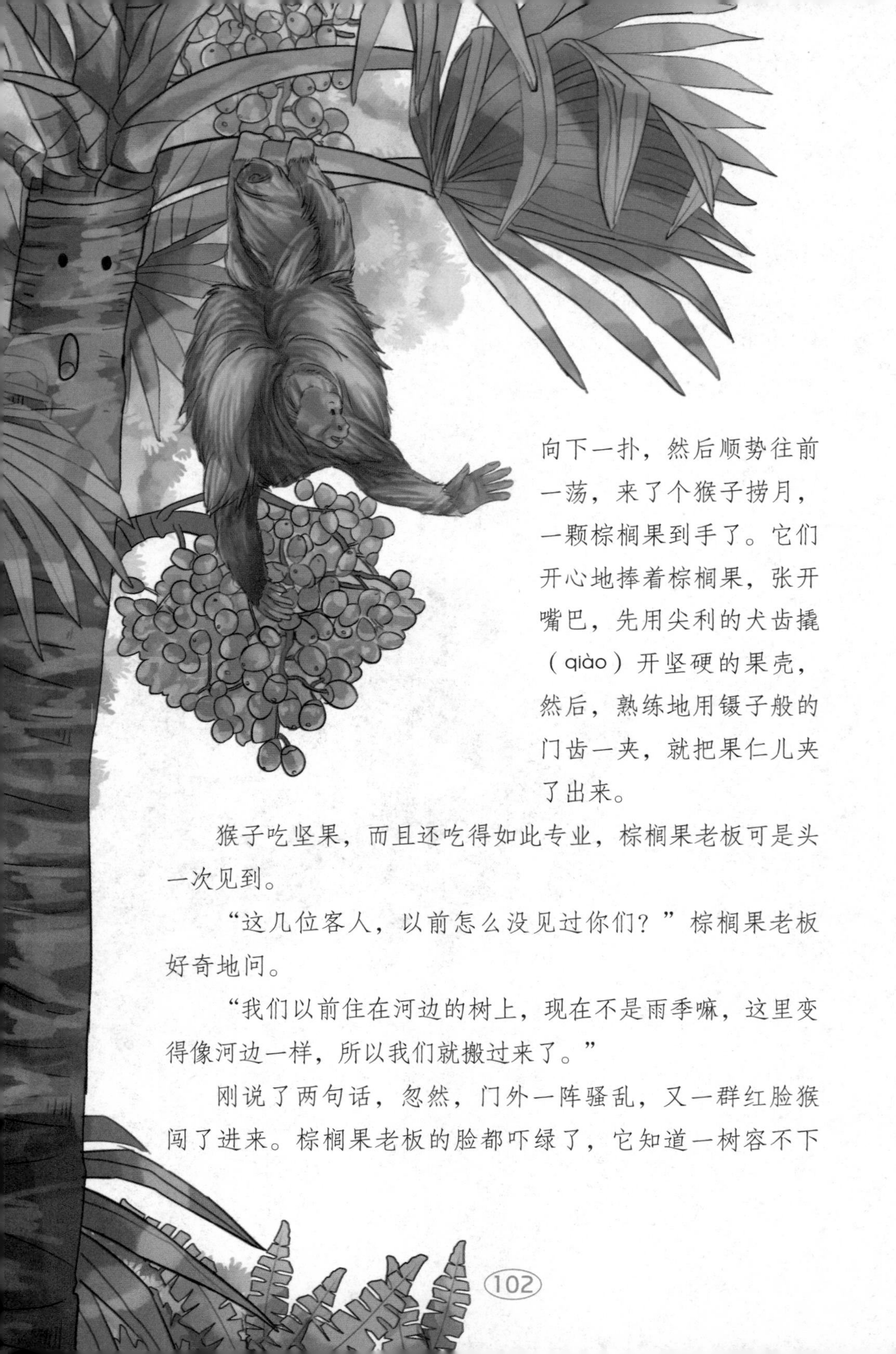

向下一扑，然后顺势往前一荡，来了个猴子捞月，一颗棕榈果到手了。它们开心地捧着棕榈果，张开嘴巴，先用尖利的犬齿撬（qiào）开坚硬的果壳，然后，熟练地用镊子般的门齿一夹，就把果仁儿夹了出来。

猴子吃坚果，而且还吃得如此专业，棕榈果老板可是头一次见到。

“这几位客人，以前怎么没见过你们？”棕榈果老板好奇地问。

“我们以前住在河边的树上，现在不是雨季嘛，这里变得像河边一样，所以我们就搬过来了。”

刚说了两句话，忽然，门外一阵骚乱，又一群红脸猴闯了进来。棕榈果老板的脸都吓绿了，它知道一树容不下两家猴。以它的经验，两群猴子相遇一定会有一番恶战，就算不把它的店弄得一片狼藉（jí），也会吵得地动树摇。

棕榈果老板做好了餐厅被砸的准备。但事态又一次出乎了它的意料。红脸猴们竟然十分友善，两个猴群见面后不仅没吵没闹，反而聚到一起，聊起了家常。

“啊，你们也是新搬来的呀？”

“是呀是呀。这里不是果子多嘛！”

“对了，这个地方是你们家先来的，那我们就到别的餐厅去看看。回头见！”

“回头见！”

不一会儿，第二群红脸猴礼貌地走了。

棕榈果老板悬着的心放了下来。它回到吧台拿起报纸，当它看到报纸的头版时睁大了眼睛，只见上面有一张大照片，正是身边客人中脸最红的那位的特写，照片下面写着几个大字：雨林著名谐星——赤秃猴。

嗨，没想到自己接待的竟然是大明星！

“红脸猴是大明星？”小豆丁看着赤秃猴的照片吐了吐舌头。

“怎么？觉得人家丑就不能当大明星？在雨林里，大明星五花八门。下一次，我就给你讲讲那些明星的故事。”

窗外的雨不知什么时候已经停了。

“时候不早了，你该去休息了。明天我再给你讲雨林的故事。”故事书温柔地对小豆丁说。

“嗯，好吧。那你快说吧，要求我做什么，明天你才给我讲故事？”

“告诉你的爸爸妈妈，以后外出的时候少开私家车，可以选择步行、骑自行车或者乘公交车，这样既环保又锻炼身体。”说完，故事书像鸟儿一样飞回到书架上。

“那好吧，我记住了。晚安，神奇的故事书！”

“晚安，小豆丁！”

红脸秃猴

在南美洲亚马孙河流域的热带雨林里，生活着几种当地特有的猴子。其中有一种猴子长相奇特，研究人员经过三年的调查研究，才慢慢揭开了它的神秘面纱。它就是故事中的赤秃猴。

赤秃猴面部鲜红，以小群活动，喜欢栖息在高高的树枝上。它们虽然长相丑，却十分绅士。在猴群中，雌猴和幼猴总是被雄猴们围在中间保护起来。它们十分友善，不同家族的猴群相遇从不会发生争斗。

第八天，夜幕悄悄降临，小豆丁早早来到了书房。故事书从书架上飞了下来，站在小豆丁面前。

“外面电视上是在播放《星光大道》吗？”听着从客厅隐约传来的喧闹声，故事书问小豆丁。

“是啊，你怎么知道的？”小豆丁十分惊讶。

“因为雨林里也有‘星光大道’。”

“真的假的？”

“当然是真的。而且，雨林里的‘星光大道’比你在电视上看到的有趣多了，许多雨林中的大明星就是通过‘星光大道’成名的。”

“太神奇了！故事书，你快给我讲讲这些故事吧！”小豆丁有点儿迫不及待。

“别着急,我马上就开始讲。”说着，故事书翻开新的一页，讲了起来。

我是歌手

“大家好！欢迎各位来到雨林‘星光大道’年度总决赛的现场！今天，哺乳动物家族要通过不同的比赛，评选出具有不同才艺的大明星，去参加整个动物王国的‘星光大道’。”特邀主持人金刚鹦鹉小鹉用洪亮的声音说。

“下面，首先进行雨林‘星光大道’年度总决赛的第一项——‘我是歌手’的比赛。这个比赛分为两个环节：第一个环节是唱歌展示，第二个环节是才艺展示。请各位选手做好准备。”小鹉宣布完比赛规则，比赛便正式开始。

第一个登台演唱的是大嗓门吼猴。因为它是上届“雨林高声音”比赛的总冠军，所以这次比赛它没有参加海选，直接进入了总决赛。

“大家好，很高兴能参加这次‘我是歌手’的比赛。下面，我为大家唱一首我自己作词、作曲的歌曲《咕噜咕噜》，希望大家能够喜欢。”说完，大嗓门便张开嘴巴，扯着喉咙咕噜咕噜唱了起来。

天哪，这哪是唱歌啊，完全是在制造噪声。但大嗓门并没有意识到这一点，仍然十分投入地唱着，而且声音越来越大。许多观众受不了大嗓门刺耳的歌声，干脆捂上了耳朵。

“咕噜——”大嗓门以一个长音作为结尾，总算唱完了这首歌。评委们开始为大嗓门的表演投票。结果，大嗓门自编自唱的歌曲没有得到评委们的认可，它在唱歌展示结束后就被淘汰了。

第二个上台的是来自马达加斯加的树精灵——大狐猴夫妇。大狐猴先生和太太的皮毛是黑白两色的，它们的脸形有点儿像狐狸，脖子上围着白围脖，头顶上还戴着一顶别致的小白帽。

“我和太太为大家演唱的是二重唱《我们在这里》。”大狐猴先生说完便与太太动情地唱了起来。

“呜噢——我们是大狐猴，我们在这里。”

“呜噢——我们的块头大，我们住树上。”

“我们爱唱歌，我们爱生活，我们爱吃水果和树叶。”

“我们爱唱歌，我们爱生活，我们每天生活在这里。”

…………

大狐猴先生和太太你唱一句我唱一句，它们的歌声响亮，穿透力极强，尤其是高音部分，像海豚音一样直冲云霄（xiāo）。

大狐猴夫妇唱完，小鹉飞到台上采访它们：“你们的歌声真是太美妙了。大狐猴先生，听说你和太太的感情很好，是这样吗？”

“是的，我很爱我的太太，我的太太也很爱我。我们大狐猴家族都是一夫一妻制。现在，我们已经有了两个小宝宝，它们今天也来了。”话音未落，两只皮毛几乎全黑的大狐猴宝宝跳到了台上。

“宝宝们真可爱！接下来，你们准备展示什么才艺呢？”小鹉又问。

“我们住在雨林的林冠层，别的才艺不会，就为大家表演攀爬跳跃吧。”

眨眼工夫，大狐猴一家四口就爬到了树上。只见它们轻轻一跳，便从一棵树跳到10米远的另一棵树上了，动作优美，身手矫健。大手大脚的大狐猴看起来有点儿笨拙，没想到却是攀爬跳跃的高手。

台下观众看了它们精彩的表演，为它们热烈鼓掌。

小鹈飞到台上报幕："最后为大家表演的是白掌长臂猿一家，大家欢迎！"

长臂猿家族是大家公认的音乐世家。这一次，白掌长臂猿一家是代表长臂猿家族来参加比赛的。它们的皮毛是黑色的，手和脚的前端却是白色的，远看起来，它们就像戴了白手套，穿了白袜子。

"我们为大家演唱的是《吉祥三宝》。喂呜——"白掌长臂猿先生用洪亮的声音开唱，它的太太用美妙的颤音和声，它们的宝宝也张嘴唱了起来。

它们的声音洪亮而婉转，歌声美妙而动听，近百米处都能听到。唱到动情处，白掌长臂猿先生伸开双臂，把太太和宝宝搂在怀里，一家三口同声合唱："喂呜喂呜——我们

是吉祥快乐的一家……”美妙的歌声在雨林上空久久回荡。

“唱得太好了！你们平时是不是经常练习演唱？”小鹈上台问道。

“是的。我们每天至少要歌唱一次，每次大约20分钟。有时，我们会为领土的边界问题争吵不休，无意间就练出了一副好嗓子。还有，单身的小伙子会在太阳下山之前歌唱，为的是找到自己的另一半。不瞒大家，我和我的太太就是唱情歌认识的。我的梦想就是做动物王国的帕瓦罗蒂！”白掌长臂猿先生说。

“你们要展示的才艺是什么？”小鹈接着问。

“我们为大家表演的才艺是高空杂技。宝贝、孩子妈，走起！”白掌长臂猿先生一声令下，一家三口飞身跳上了树梢。

它们在树杈与树杈、藤蔓与藤蔓之间大跨度飞跃，时而单臂大回环，时而蜻蜓点水，做的都是高难度动作。在场的观众不断发出惊呼声。

忽然，白掌长臂猿先生一个失手，从高高的树枝上跌落下来。就在快要坠地的一瞬间，它一把抓住了一根横着的藤蔓。观众长长地出了一口气。原来，这惊险的一幕是白掌长臂猿先生特意安排的表演。全场观众爆发出雷鸣般的掌声。

两组歌手的表演各有千秋。大狐猴夫妇的海豚音无与伦比，白掌长臂猿家的合唱优美动听，尤其是白掌长臂猿太太的颤音，让观众回味无穷。最后，大狐猴夫妇和白掌长臂猿一家双双夺冠，分别被授予“树梢上的海豚音歌手”和“会高空杂技的帕瓦罗蒂”的称号。

“海豚音歌手、帕瓦罗蒂，它们的歌声该是多么美妙啊！”小豆丁似乎已经听到了那动听的歌声。

“唉，可惜啊！这么美妙的声音你们以后可能会听得越来越少，尤其是大狐猴的声音。”故事书似乎想起了什么，情绪一下变得有点儿低落。

“为什么呀？”

“由于人类对雨林无节制的开垦（kěn），致使雨林动物的生存空间越来越小。大狐猴可能会成为下一个灭绝的物种。”故事书难过地说。

“故事书，别难过，我会告诉人们好好保护雨林的。”小豆丁安慰着故事书。

过了好一会儿，故事书才平静下来，继续讲下去。

尾巴神功

雨林“星光大道”年度总决赛的第二项是“尾巴神功”比赛。这项比赛有三名选手进入了总决赛。

一号选手是白喉卷尾猴。它个头儿不高，身上的毛是黑色的，只有脸部、喉部和肩部的毛是白色的，像一位穿着大衣的绅士。它的尾巴又粗又长，卷曲着藏在身后。

白喉卷尾猴走上台，介绍道：“我叫阿卷，生活在树上。瞧，我长着长长的尾巴。有了它，我能在树梢上敏捷地攀爬、跳跃和奔跑。”

说完，阿卷便跳到树上，用尾巴表演起平衡身体、荡秋千等动作。阿卷的表演让雨林中那些没有尾巴的观众羡慕不已。

“下面有请二号选手上台展示。二号选手，二号选手请上台……”小鹉连叫了几声，依然无人应答。

“二号选手再不出现，就算放弃比赛了！”小鹉话音未落，一个声音从一棵高大的木棉树上传过来：“嗨，我在这里。不好意思，昨晚我工作了一宿，实在太困了，等着等着就睡着了。”

观众抬头一看，枝条间有一团毛茸茸的棕色小球在动。这个小球比小猫大不了多少，它身体的颜色和木棉树上毛茸茸的豆荚颜色差不多，难怪观众没有发现它。

“请问你叫什么名字？你能到地面上来吗？”小鹉问。

“我是二号选手食蚁兽。我爪子上的弯钩使我在地面上行动不方便，所以我通常是不会下树的。就连喝水，我也是用舔食树叶上的露珠的方法来解决的。”

“食蚁兽？食蚁兽哪有你这么小的？还一身棕毛挂在树上？你确定你是食蚁兽吗？”为了防止冒名顶替，小鹉认真地询问道。

“那是当然。我可是食蚁兽家族中最小的一种食蚁兽，我叫侏食蚁兽。”它边说边往下爬了爬。

“怎么才能证明你是食蚁兽？”小鹉又问。

“怎么证明？对了，我昨晚吃了好多好多的蚂蚁。”

“这个谁也没有看到，怎么证明啊？”

侏食蚁兽左瞧瞧右看看，忽地伸出长着弯钩爪子的前臂：“看，这是我们家族特有的扒蚁穴利器——钩子爪。”然后它又伸出长长的舌头，“看，这是我们家族吃蚂蚁的利器——粘粘舌。我们没有牙齿，但却长着布满黏液的长舌头。我可以用它伸进蚁穴中舔食蚂蚁。蚂蚁一旦粘在我的舌头上，想跑，门儿都没有。你看，我还有一根长长的有力的尾巴呢。”

“阿卷可以把长尾巴吊在树枝上荡秋千，你的尾巴能做什么呢？”小鹉问。

“光荡秋千有啥意思。我可以用尾巴把自己悬挂起来，与树干形成任意角度。”说完，侏食蚁兽爬到一根细细的树干上，把尾巴在树干上绕了两圈，然后双臂上举，身子往后一翻，整个身子就像一面旗帜，横着悬在半空了。

“这叫‘横挂金绒旗’。”侏食蚁兽自信地说。

随后，它又爬到一根横着的树枝上，尾巴缠住树枝，身体向上一挺，说：“这叫‘擎（qíng）天一炷（zhù）香’。”

精彩的表演为侏食蚁兽赢得了阵阵掌声。

“我还会表演‘倒挂小金钟’。”也许实在太困了，还没表演完，它便把头埋进臂弯里，尾巴卷住头上的树枝，身子一缩，呼呼睡着了。

“接下来上台的是三号选手蜘蛛猴。”小鹉介绍道。

蜘蛛猴四肢细长，脑袋小小的，尾巴又细又长，趴在树上，真像一只大蜘蛛。它走上台介绍自己：“我是蜘蛛猴淘淘。我的

尾巴不仅能协助攀爬，而且能紧紧地缠绕在树枝上，像挂灯笼似的把身体悬吊在空中。我常常倒挂在树枝上睡觉，即使睡熟了，尾巴也不会松开树枝。”

“这有什么稀奇的，前两位选手的尾巴也有这样的功能。如果你想赢得‘尾巴神功’比赛，一定要有与众不同的绝招。”小鹉提醒它。

“绝招？有啦！”

淘淘跳到树上，用尾巴把一个浆果一卷，浆果就被摘了下来，送到了小鹉嘴边。淘淘得意地说：“用尾巴摘果子，这个算不算绝招？”

真是“一招鲜吃遍天”，凭借尾巴的灵巧劲儿，淘淘最终获得了“尾巴神功”比赛的冠军。可是，就在小鹉要把奖牌戴到淘淘的脖子上时，一个黑影跳到台上，一把夺走了奖牌，戴到了它自己的脖子上。

“尾巴能当手使，蜘蛛猴的尾巴太灵巧了。可是，那个突然上台的家伙是谁？它为什么要抢走奖牌呢？”小豆丁好奇地问。

“别着急，你马上就知道啦！”故事书清清嗓子，接着讲了下去。

迷你食蚁兽

侏食蚁兽是食蚁兽中个头儿最小的一种，也是唯一的树栖食蚁兽。

侏食蚁兽常年生活在树上，尾巴很长很有劲。它常常用后肢握紧树干，再用尾巴紧紧缠绕在树干上，前肢则举过头顶，观察周围的情况。如有动物打搅它，它会举起前爪，凶猛地扑向不速之客。

灵巧如手的尾巴

蜘蛛猴的尾巴长达 80 厘米，超过身长 10 多厘米。它的尾巴末端毛很稀少，甚至有的地方直接裸露着皮肤，上面有一道一道的纹路，就像胶鞋底上的花纹一样。

蜘蛛猴的尾巴非常灵活，缠绕能力特别强，能像人手一样灵活地采摘和抓取食物，甚至能捡起花生大小的东西。

赛场上的意外

是谁抢了蜘蛛猴的奖牌？小鹉定睛一看，眼前这个家伙，个头儿比大狐猴小，脸儿也秀气，最引人注目的是它那条黑白相间的长尾巴。这不是动画片《马达加斯加》中那个会跳热舞的环尾狐猴朱利安吗？

“我还没有表演呢，你们怎么就发奖了？”环尾狐猴一副趾高气扬的样子，摇了摇它的尾巴，“我的尾巴可是我们狐猴家族中最漂亮的。”

“我们不是比谁的尾巴最漂亮，而是比谁的尾巴最有功夫。况且，参赛选手名单上并没有你的名字。”小鹉提醒环尾狐猴。

“那肯定是你们把我漏写了，我明明报了名。我不管，我一定要参加‘尾巴神功’比赛。我的尾巴不仅漂亮，而且有世间少有的绝招。”

一听有绝招，小鹉不再阻拦了，其实它也想看看，如此漂亮的尾巴到底还有什么神奇的功夫。

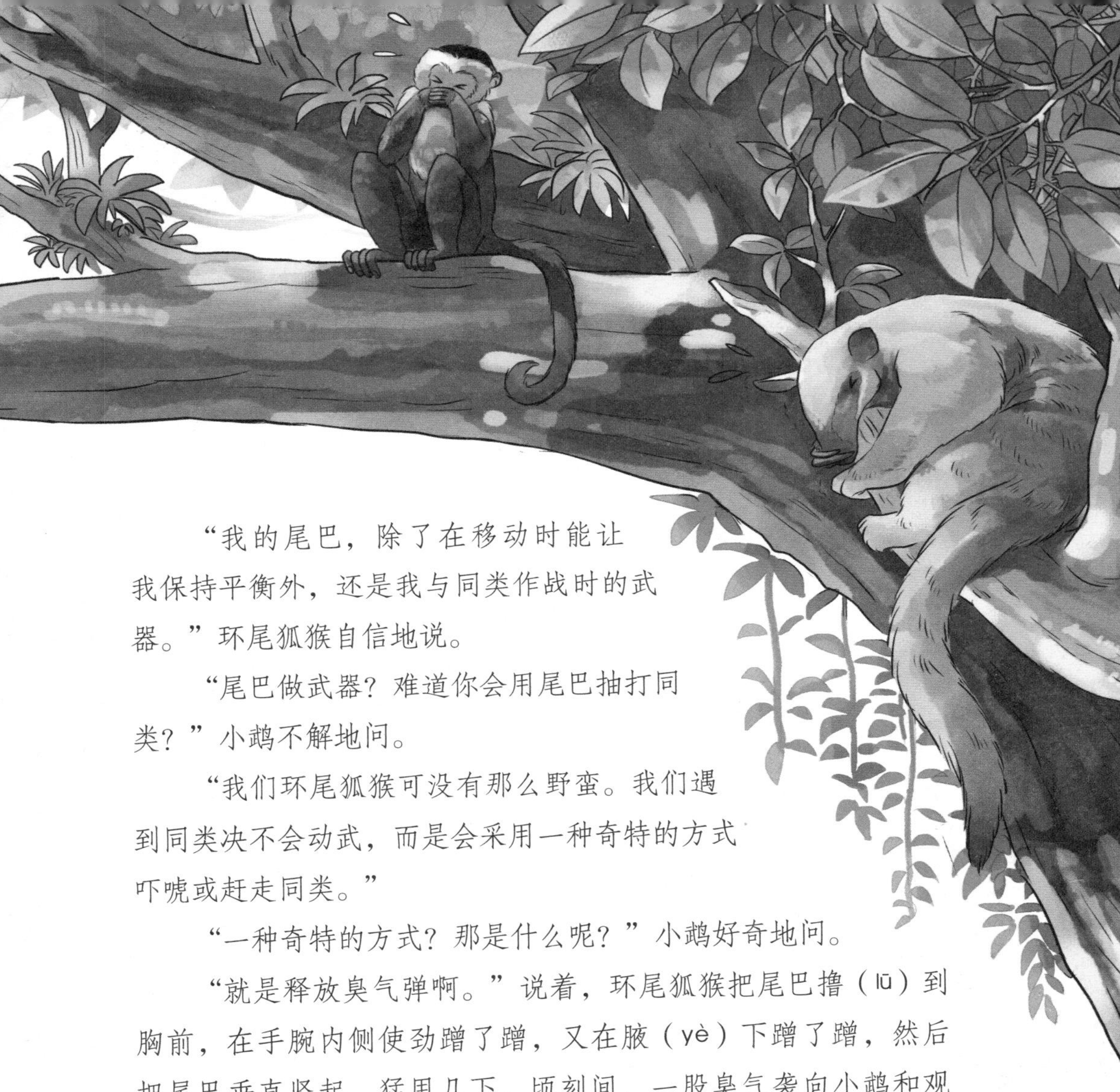

“我的尾巴，除了在移动时能让我保持平衡外，还是我与同类作战时的武器。”环尾狐猴自信地说。

“尾巴做武器？难道你会用尾巴抽打同类？”小鹉不解地问。

“我们环尾狐猴可没有那么野蛮。我们遇到同类决不会动武，而是会采用一种奇特的方式吓唬或赶走同类。”

“一种奇特的方式？那是什么呢？”小鹉好奇地问。

“就是释放臭气弹啊。”说着，环尾狐猴把尾巴撸（lū）到胸前，在手腕内侧使劲蹭了蹭，又在腋（yè）下蹭了蹭，然后把尾巴垂直竖起，猛甩几下。顷刻间，一股臭气袭向小鹉和观众，大家不得不捂住鼻子。有几位观众实在受不了，捂着鼻子跑开了。

“怎么样，我用尾巴发射臭气弹的神功还行吧？我们同类一般都受不了彼此的臭气弹，都会落荒而逃。我的尾巴是不是最厉害的？我是不是应该成为‘尾巴神功’的冠军？如果你们谁不服气，我可以再表演一遍。”

“好了好了，不用再表演了。评委们刚才已经商量过了，一致同意你获得‘尾巴神功’终生成就奖，以后你再也不用来参加比赛了。”小鹉赶紧去台下戴了一个防毒面具，又飞回台上，“如果我没记错的话，你就是动画片《马达加斯加》里那个会跳热舞的环尾狐猴朱利安。”

这时，台下有观众说：“对，就是它。瞧它那黑白相间的尾巴，肯定没错！”

“你能不能为我们在现场跳一段热舞？”小鹉说。

“这个……这个……现在不行，这个地方太小了。再说，我也累了，以后我再为大家表演吧。”环尾狐猴吞吞吐吐地说。

这时，评委们悄悄把小鹉叫下了台。等回到台上后，小鹉说：“环尾狐猴，你就别再演了。你真的会跳舞吗？”

“你这话什么意思？”环尾狐猴辩解道。

“什么意思你自己知道。”

“怎么着，你想坏我的好事？”环尾狐猴似乎明白了什么，边说边把尾巴撸到胸前，又想释放它的臭气弹。

“别费功夫了，你没看我戴着防毒面具吗？我刚才听说你太太在到处找你。你太太说如果再找不到你，就不要你了。”一听这话，环尾狐猴吓得一溜烟跑了。

“环尾狐猴根本就不会跳舞？那热舞王是谁？我也记得动画片里的热舞王朱利安和它长得一模一样。”听到这里，小豆丁忍不住插话道。

“不仅你想不通，现场的观众也是摸不着头脑。不过，你接着往下听就知道是怎么回事了。”故事书说着往后又翻了一页。

放臭气弹的环尾狐猴

环尾狐猴又叫节尾狐猴，因长着黑白相间的长尾而得名。它们主要生活在马达加斯加岛西南部的热带雨林中。一般的狐猴常生活在树上，但环尾狐猴却喜欢待在地面上。

环尾狐猴身上有三处臭腺，分布于肛门、腋下和腕关节内侧，能分泌出一种臭味刺鼻的体液，常作为路标和领地的记号。长在腕关节内侧的臭腺，看起来就像一块凸起的黑皮，可以当作御（yù）敌的武器。当外敌进犯时，环尾狐猴会弯曲手臂，用尾巴摩擦腕部和腋下，使体液挥发到尾巴上，然后不停地甩动尾巴，把臭气扇向敌人，熏得敌人四处逃窜。

环尾狐猴族群中，雌猴是女王，有至高无上的权力。比如，喝水时，雄猴要毕恭毕敬地让雌猴和幼猴先喝，等它们喝完后，雄猴才可以喝。否则雄猴就会被雌猴赶出族群。

谁是热舞王

小鹉摘下防毒面具，说："请大家安静，评委们在后台查了一下环尾狐猴的资料，它根本就不会跳舞。不过，今天真正的热舞王也来到了现场。接下来要进行的是雨林'星光大道'的表演秀，有请热舞王——维氏冕（miǎn）狐猴登场！"

随着节奏欢快的音乐响起，维氏冕狐猴出现在舞台中央。它身穿漂亮的白色长绒毛大衣，拖着一条白色的长尾巴，在绿叶的映衬下，显得特别华丽优雅。

"大家好，我是爱跳舞的热舞王。"维氏冕狐猴用嘹亮的嗓音跟观众打招呼。

"可我在动画片里看到的那个跳热舞的明明是环尾狐猴，这又是怎么回事？"台下有观众问。

"说实话，我也搞不清楚是怎么回事。我记得当初制作动画片的时候，那位大导演来看我跳舞，不知道看了多少遍，明明说好让我演热舞王的，但不知为什么，最后把跳舞的狐猴画

成了环尾狐猴。所以，大家就把环尾狐猴当成热舞王了。其实，在现实生活中，环尾狐猴虽然会用两条腿直立行走，但它根本就不会跳舞。”

维氏冕狐猴说话的时候左顾右盼，头颈特别灵活，瞬间好像和身体分了家似的，样子十分滑稽（jī）。

“我们维氏冕狐猴是舞蹈世家，每位成员都有着特殊的舞蹈天赋。在地面上活动，我们并不用四条腿走路，而是高举双臂用两条后腿跳着前进。我还是孩子的时候，就在妈妈背上体验到了跳舞的乐趣。妈妈背着我从一棵树移动到另一棵树上，从一个地方跑到另一个地方，都是用跳舞的方式。而且，我们躲避敌人也是用跳舞的方式。观众朋友们，请大家跟我一起摇摆身体吧！像我这样——身体直立，两臂侧上举，两脚用力跳起。好的，动作再优美些、自信些！”维氏冕狐猴一边说一边教大家跳起了热舞。

“摇摆，摇摆，我喜欢摇摆……”此时，场上响起了动画片《马达加斯加》中的热舞音乐。观众在维氏冕狐猴的感染下，跟着节奏跳了起来，全场沸腾了。

“摇摆，摇摆……”小豆丁听着故事书的讲述，身体也跟着动了起来。

“跳得不错！”故事书笑了起来。

“哈哈……原来维氏冕狐猴才是真正的热舞王。”

“是啊，如果不是看过它的热舞，许多人还以为环尾狐猴是热舞王呢！”故事书说。

爱跳舞的狐猴

维氏冕狐猴主要生活在马达加斯加东部的热带雨林中。

维氏冕狐猴的前肢很短，后肢大而强壮，弹跳力极强。在地面上移动时，它们可以做前肢伸展、后肢凌空跃起的动作，就像表演难度极高的舞蹈动作，因此享有“跳舞狐猴”的美誉。

其实，维氏冕狐猴会跳舞的本领是后来进化出来的。因为马达加斯加的生存环境受到破坏，树木变得越来越少，树与树之间的距离太远，维氏冕狐猴无法在树枝间跳跃，不得已才在地面上快速跳跃的。

乱糟糟的游泳比赛

那边热舞表演秀刚结束,这边雨林水立方中,雨林“星光大道”年度总决赛的第三项——明星游泳赛拉开了帷幕。

这次明星游泳赛的名单上写着四个选手的名字：美洲豹、树懒、九带犰（qiú）狳（yú）和长鼻猴。作为著名的猫科动物，美洲豹会游泳大家一点儿也不意外，可听说其他三个选手也报名参加了明星游泳赛，大家都觉得十分稀奇。

树懒先生平时给人的印象总是慢悠悠的。慢悠悠地爬树，慢悠悠地吃树叶。它在陆地上爬行，不仅爬姿难看，而且爬行速度比乌龟还慢。这样的速度到了水里又会怎样呢?

再说九带犰狳先生，它形如巨鼠，四肢短粗，背上披着又硬又厚的盔甲。它穿着那么厚重的盔甲，想必一入水就如同石沉大海，更别说游泳了。

而那个大腹便便、鼻子像红茄子一样的大鼻子明星——长鼻猴先生，看它的身材也不像是会游泳的。

观众早早来到了雨林水立方，想一睹这些陆地上、树上的明星在水里的别样风采。

比赛马上就要开始了，选手们各就各位。

美洲豹高傲地站在一号泳道前。由于它擅长在水里捕捉猎物，别的选手都怕它，为了防止意外发生，组委会安排它和其他选手隔了两条泳道。慢悠悠先生慢吞吞地爬到了四号泳道前。五号泳道的选手是九带犰狳先生。六号泳道的选手应该是长鼻猴先生，但它迟迟没有露面。根据比赛规则，未按时签到的就视为自动放弃比赛。

“砰——”发令枪响了，比赛按时开始。

不出大家所料，美洲豹率先跃入水中。它采用狗刨（páo）式的泳姿，一下子就游出去好远。

让大家惊喜的是，慢悠悠先生跳到了水里，像服用了兴奋剂似的，动作一点儿也不慢了。它采用自由式的泳姿，游得非常优雅。

再看九带犰狳先生，它听到枪声没往水里跳，而是一下子垂直跳起来，离地面足足有 1 米高。落地之后，它捂着胸口，一副惊魂未定的样子：“吓死我了！刚才什么响了，吓得我蹦高高！”

“喂，游泳比赛开始了，你怎么还在原地啊？”

听到裁判的提示，九带犰狳先生回过神来，长长出了一口气，扑通一声跳进了水里。它可没像大家想的那样直接沉到水底，而是整个身体像一个皮球似的

浮在了水面上，慢慢地向前漂去。因为入水比别的选手慢了半拍，所以九带犰狳先生落（là）在了最后。

“九带犰狳加油！九带犰狳加油！”在观众的加油声中，本来像皮球一样浮在水面的九带犰狳先生不知怎么了，忽然吐了几个水泡就向水下沉去。

“不好了，九带犰狳溺水了！”不知是谁喊了一句。

大家再一看，都慌了神儿，水面上哪里还有九带犰狳的影子。其他选手也无心比赛了，调头潜到水下去营救九带犰狳先生。就在大家手忙脚乱，比赛现场到处乱乱糟糟的时候，终点传来了九带犰狳兴奋的喊声：“我赢了，我是第一！”

这到底是怎么回事？全场变得鸦雀无声。

“刚才是怎么回事？你没有溺水啊！”小鹈飞到终点问道。

“我怎么会溺水呢？我可是游泳健将。一开始，我用充气漂浮式方法游，但我的速度太慢，担心追不上其他选手。后来，我就换了另一种游泳方法，潜到了水底，快速超过了其他选手。怎么样，我的潜泳技术不错吧？”九带犰狳先生得意地说。

就这样，九带犰狳先生成了这次明星游泳赛的冠军。

星跳水立方

游泳比赛之后是高台跳水比赛。说是跳台，其实就是一棵高出水面十几米的岸边大树。这个时候，长鼻猴先生在10位太太的簇拥下出现在跳台上。

本来，游泳选手们也都报名参加了高台跳水，但是，当美洲豹、树懒和九带犰狳得知自己要从十几米高的树上跳到水里时，它们都识趣地退出了比赛。这样一来，高台跳水就成了长鼻猴先生的家族表演。

长鼻猴先生头部、肩部都是棕红色的，上臂、腿和尾巴却是灰色的。长鼻猴先生长着一个大鼻子，有七八厘米长，就像脸上挂了一个红红的长茄子。这鼻子虽然没有大象鼻子那么长，但在猴子家族中是独一无二的。

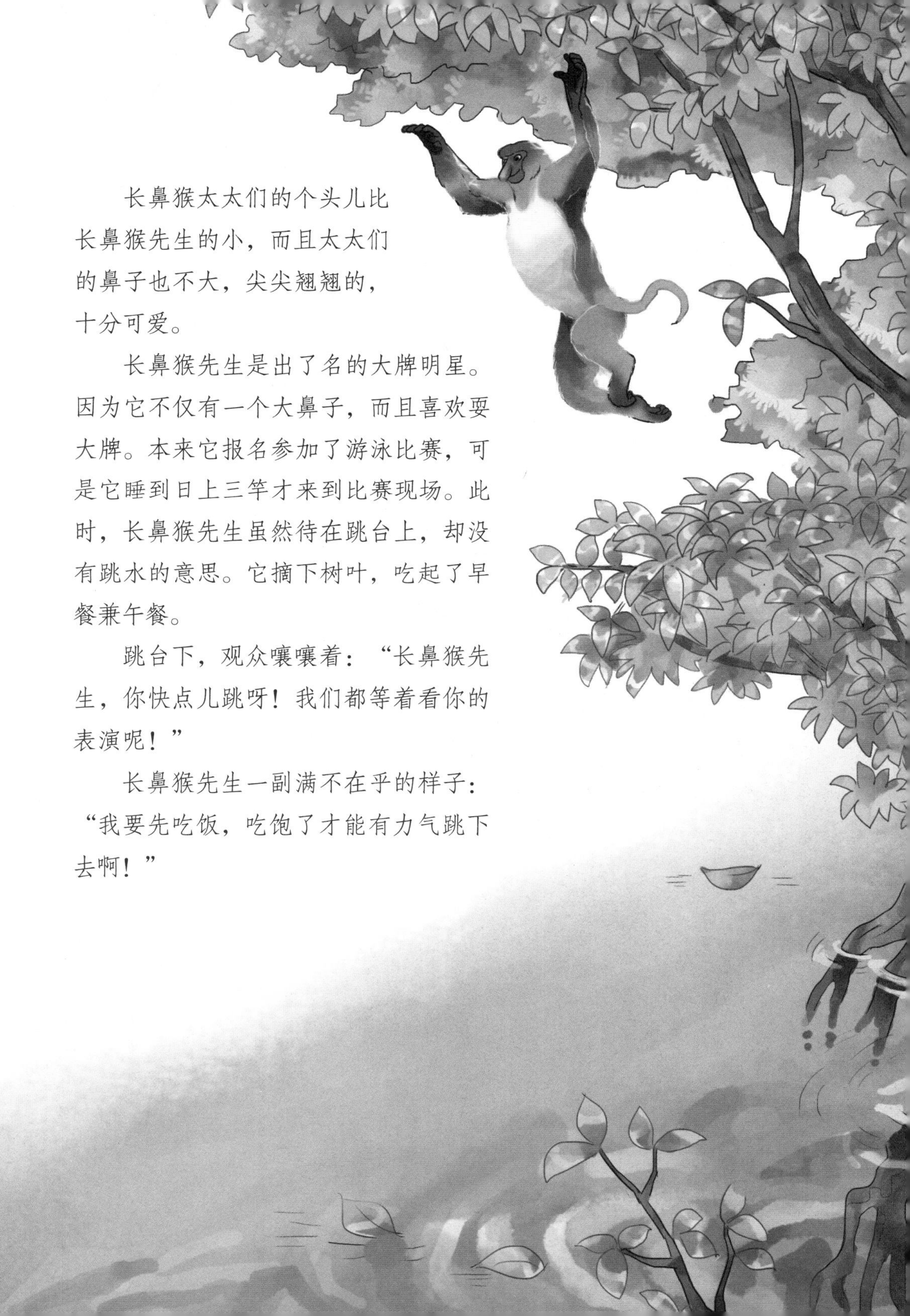

长鼻猴太太们的个头儿比长鼻猴先生的小，而且太太们的鼻子也不大，尖尖翘翘的，十分可爱。

长鼻猴先生是出了名的大牌明星。因为它不仅有一个大鼻子，而且喜欢耍大牌。本来它报名参加了游泳比赛，可是它睡到日上三竿才来到比赛现场。此时，长鼻猴先生虽然待在跳台上，却没有跳水的意思。它摘下树叶，吃起了早餐兼午餐。

跳台下，观众嚷嚷着："长鼻猴先生，你快点儿跳呀！我们都等着看你的表演呢！"

长鼻猴先生一副满不在乎的样子："我要先吃饭，吃饱了才能有力气跳下去啊！"

仰着脖子的观众都看累了，长鼻猴先生才挺着啤酒肚走到跳台前，准备跳水。它用四肢握住树枝，身子上下晃动，让树枝一上一下地颤起来，然后借着树枝反弹的劲儿跳了下去。在下落的过程中，它张开双臂，似乎想用整个身体扑向水面。但是在最后一刻，它却双腿一蹬，减慢了下落速度，在空中划出了一条长长的抛物线，扑通一下跳入了几米开外的水中，然后潇洒地游到了岸边。

长鼻猴太太们也学着先生的样子，一个个爬到树梢上，扑通、扑通……像下饺子一样，都跳到了水里。

最后，树梢上只剩下一个怀里挂着小宝宝的太太了。只见小宝宝长着蓝色的小脸儿，紧紧抱着妈妈。一开始，这位太太有点儿犹豫，不敢抱着孩子往下跳。最终，它长出了一口气，鼓足勇气跳了下去。在成功跳入水中后，它顺利地带着小宝宝游到了岸边。

台下观众看到如此精彩的高台跳水，都纷纷鼓起掌来。

长着大鼻子的猴子

长鼻猴是东南亚地区特有的动物。它们的鼻子很大，尤其是雄猴，随着年龄增长，鼻子会越来越大，就像脸上挂了个红色的茄子。

别看它们的鼻子长那么大，看起来有点儿碍事，其实，这大鼻子有大用途呢。大鼻子是一个散热器，可以散发长鼻猴体内多余的热量；大鼻子是雄猴表达情绪的工具，生气时鼻子会变长；大鼻子很灵敏，长鼻猴可以闻到几十米之外猛兽的味道，让它们提早躲避猛兽；大鼻子还是一个共鸣器，长鼻猴可以用它给族群成员发出警报。最为重要的是，长鼻猴家族以鼻子大为美。雄猴的鼻子越大，在雌猴眼中越有魅力。

长鼻猴喜欢待在靠近河岸的大树上。当受到威胁时，它们会跳入河中，游到安全的地方，顺利逃走。它们有一对长了蹼（pǔ）的脚，就像一双船桨，有利于它们在水中前行。它们的泳姿也很多样，有狗刨式、自由式等。

最强大脑

接下来是一场智力挑战赛——“雨林最强大脑”。这也是雨林“星光大道”第三次举办这样的挑战赛。

“雨林最强的大脑在哪里？在这里。你的能力超乎你想象，你的天赋就是你的财富。欢迎来到由蛤（gé）蚌（bàng）、棕榈树赞助的第三届‘雨林最强大脑’挑战赛的现场。”主持人小鹉一口气说完了开场白。

“今天，前来挑战的这位选手聪明无比。它是谁呢？有请挑战者上台！”小鹉的话音未落，一个身影跳到了台上。大家一看，原来是参加过“尾巴神功”比赛的白喉卷尾猴阿卷。

“阿卷虽然没有在‘尾巴神功’比赛中获得最后的冠军，但在最强大脑海选比赛中脱颖而出。不过，它要完成下面的挑战任务，才能获得‘最强大脑’的称号。”小鹉继续介绍着，“坐在评委席上的是黑猩猩和红毛猩猩两位博士，它们分别是前两届‘雨林最强大脑’的冠军得主。”

“挑战之前，我有一个小小的要求：请评委和观众先涂上一些防蚊液。大家都知道，我们雨林中的蚊虫可不是一般的多。这是我自己研制的驱蚊防虫液，纯天然，无刺激，大家可以试一试。”说着，阿卷把一些药水喷到评委和观众身上。

这药水有一股柑橘的清香，还混合着一点点胡椒的味道，涂上之后真是又清爽又醒脑，蚊虫果真都飞走了。阿卷还没有开始挑战，就让评委和观众对它有了一点儿好感。

“好了，现在我的挑战可以开始了，请出题吧！”

第一个挑战项目是由黑猩猩博士出的。黑猩猩博士指着一个小土丘说：“这是一个蚂蚁窝，你如何用最省力气的方法吃到窝里的蚂蚁？”

“这个超简单。”说完，阿卷找了一根细树枝，把上面的叶子咬掉，做成了一根长短适合的小木棍，又用舌头在小木棍上涂满口水，然后把小木棍伸进了蚂

蚁窝。再提出来时，小木棍上就粘满了蚂蚁。

黑猩猩博士满意地点了点头。因为它当年就是凭借着这道考题获得了“最强大脑”冠军的。

第二道题是红毛猩猩博士出的。红毛猩猩博士指着树上的一个树洞说：“现在是旱季，水资源十分缺乏。如果你好不容易发现了一个有水的树洞，但洞口太小，你根本不能把头探到树洞里去喝水。你将如何喝到树洞里的水？”

这个题目是红毛猩猩博士当年参加“雨林最强大脑”时遇到的考题。它当时把一些树叶咬碎，使其变成蓬松吸水的“海绵”，然后把“海绵”挂在一个小木棍上，伸到树洞里成功吸到了水。

红毛猩猩博士以为阿卷也会像它当年那样去做。可没想到，阿卷看了看洞口，又看了看自己的尾巴，竟然把尾巴放进了树洞里。毛茸茸的尾巴再从洞里拉出来时，上面沾满了水。

红毛猩猩博士露出惊喜的表情，因为它觉得这种方法比自己当年的做法看起来更实用一些，而且一次吸到的水也多。它感慨地说：“我当年怎么没有想到这种方法呢？”

不过，就算红毛猩猩博士想到了，也没有办法实施。因为它的尾巴实在太短了。

阿卷轻松地完成了前两道题目，两位博士不得不加大题目难度，继续考阿卷。红毛猩猩博士找来一些大蛤蚌，摆在阿卷面前，说：“第三个挑战项目是请你想办法把这些蛤蚌打开，吃到里面的肉。”

“这个题目太简单了，难不倒我。”话没说完，阿卷便捡起一个大大的蛤蚌，跳到了树上。它双手拿着蛤蚌，用力在粗树枝上敲起来。敲了几分钟，蛤蚌里的肉与壳分开了，它用手掰（bāi）开蛤蚌壳，得到了里面的蚌肉。

“这个题目，我根本不用动脑子。在水果稀少的旱季，我们经常会到红树林河边找蛤蚌吃。你们再整点儿有难度的题目。”阿卷边吃着鲜美的蚌肉边说。

两位博士商量了一会儿，又出了一道有难度的题目。黑猩猩博士在现场摆上了几个铅球大小的棕榈果。这些棕榈果外面包裹着一层厚厚的纤维外壳，看起来非常坚硬。

黑猩猩博士说：“阿卷，这次你如果能顺利打开棕榈果，吃到里面的果仁，就算你挑战成功。”

这道题是黑猩猩博士想出来的。因为它平时会用两块石头，一块当基石，一块当锤子，敲开小坚果的壳，吃到里面的果仁。这一次，为了增加挑战难度，它把小坚果换成了大棕榈果。

阿卷跳到棕榈果前，左瞧瞧右看看。突然，它拿起棕榈果，剥掉棕榈果的纤维外壳，把棕榈果丢到了地上。

黑猩猩博士不解地问：“阿卷，难道你要放弃挑战？”

“没有啊，这只是我的第一步。棕榈果要晒晒太阳才能成熟，剥掉它的纤维外壳能加快成熟。”

棕榈果晒得差不多了，阿卷把它们收集起来，拿到一块巨石旁。这块巨石上面有一些大小不一的坑。阿卷把一个棕榈果放到一个坑里，然后又找来一块大石头，向坑里的棕榈果砸去。一下、两下，棕榈果被砸开了，阿卷顺利得到了里面的果仁。

两位博士看了阿卷的做法喜出望外。原来，用石块砸坚果看似简单，里面却包含着大学问。因为不仅要根据坚果的大小选择合适的石块当锤子，还要在巨石上选择大小合适的坑。这样，用石块砸的时候，坚果仁就不会被砸得到处都是。

阿卷用它的超级大脑征服了两位博士和在场的所有观众，它成了本届“雨林最强大脑”的冠军。

小豆丁心想：卷尾猴解决问题的方法真巧妙，“雨林最强大脑”的称号非它莫属。

故事书停了一下，见小豆丁没有说话，便接着讲了下去。

化装舞会上的神秘兽

雨林“星光大道”的最后一项是明星化装舞会。这是最热闹的一个环节，大家都使出浑身解（xiè）数，把自己打扮得让别人认不出来。因为只有没有被大家认出来的那位，才能获得明星化装舞会的大奖。

就在大家都忙着化装的时候，一个身影跳到舞台中央。

“大家先别急着化装。我没有化装，只要你们能说出我是谁，我就退出这个舞会。如果谁也说不出来，那今年的大奖非我莫属。”说这话的是一个长相奇怪的家伙。它身形如马，有一个长脖子，头顶上有一对特别大的耳朵，耳朵前面还有一对已经退化的短角。它身上的皮毛是绛红色的，发出丝绒一样的光泽。让大家看不明白的是，它的屁股和腿上竟然是黑白相间的，就像是穿了斑马条纹连裤袜。

在场的谁也不认识它，连见多识广的主持人小鹉也不认识它。

“你是我们雨林里的居民吗？”小鹉问。

“那当然！”

观众开始七嘴八舌猜起来。

黑猩猩博士说："它是斑马。你们没看到它的屁股和腿上有斑马一样的条纹吗？"

"哈哈……你说我是斑马？"这个神秘来宾笑起来。

大狐猴说："不对。它肯定不是马家族成员。马家族成员的脚趾为单数，你们看它四个蹄子末端的脚趾都是双数。"

树懒先生说："那它是长颈鹿。你们没看到它头上有长颈鹿特有的短角吗？"

"你说得不对，雨林里怎么会有长颈鹿呢？"黑猩猩博士否定了树懒先生的说法。

"那雨林里又怎么会有斑马？"树懒先生反问黑猩猩博士。

"哈哈，你们都猜不出来吧？"神秘来宾得意起来。

"嗯，我们都猜不出来，你赢了。请说出你的真实身份吧！"

"这次的大奖是我的啦？你们可要听好了，"神秘来宾故意停下来，清了一下嗓子，"我既不是斑马，也不是长颈鹿。我跟长颈鹿是亲戚，因为我的额头上也有独特的短角。还有，我的牙齿——"说着，它咧开嘴巴，露出牙齿上条纹分明的珐（fà）琅（láng）质，"像这样条纹分明的珐琅质只有我和我的亲戚长颈鹿才有。动物学家说，长颈鹿的脖子在没有变长之前，长得跟我差不多。"说完，它伸出长长的舌头舔了一下眼睛。

"瞧，它的舌头是蓝色的。听说长颈鹿的舌头也是蓝色的。"树懒先生说。

"你看它的舌头那么长！"大狐猴也惊讶地说。

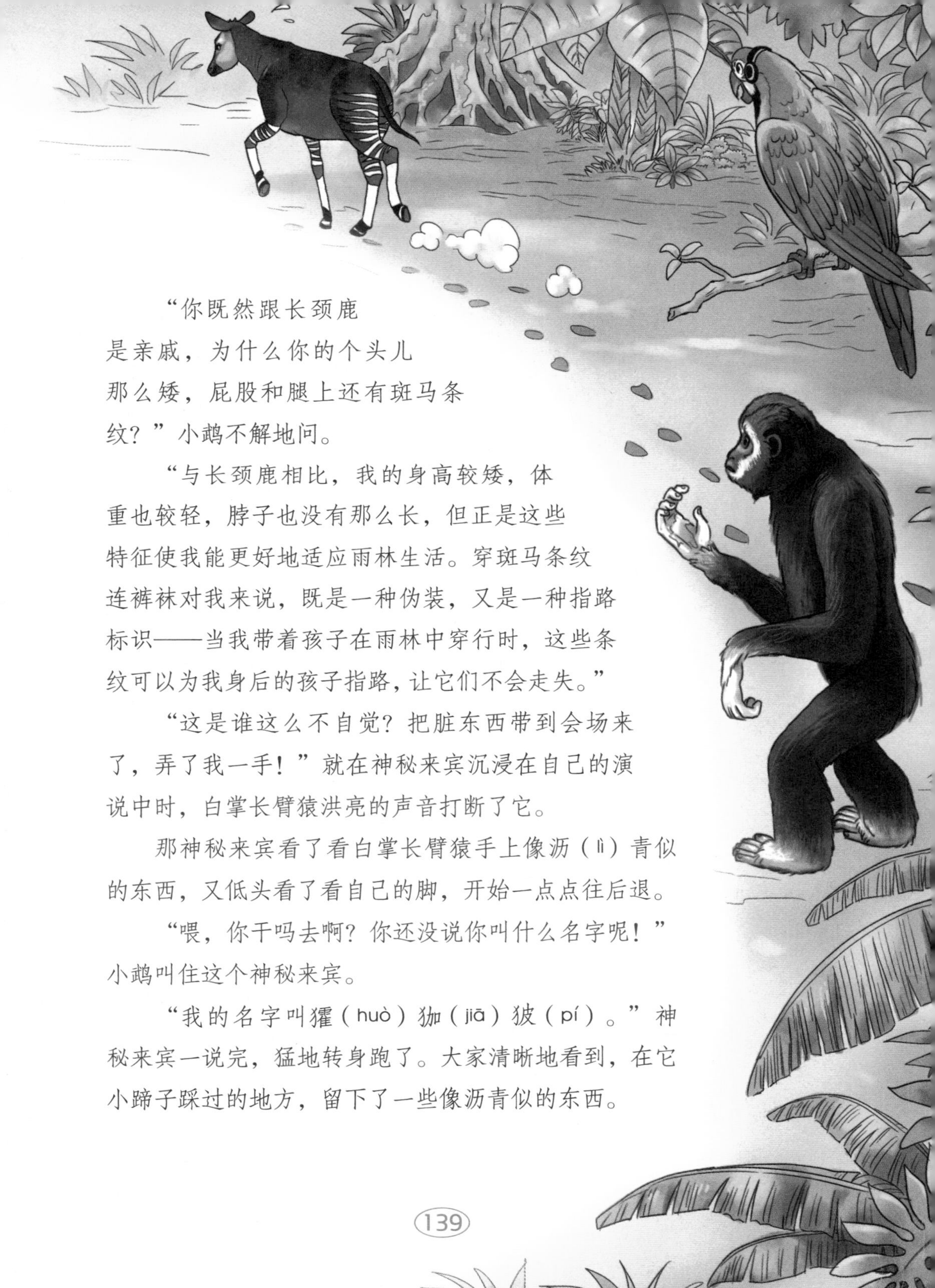

“你既然跟长颈鹿是亲戚，为什么你的个头儿那么矮，屁股和腿上还有斑马条纹？”小鹈不解地问。

“与长颈鹿相比，我的身高较矮，体重也较轻，脖子也没有那么长，但正是这些特征使我能更好地适应雨林生活。穿斑马条纹连裤袜对我来说，既是一种伪装，又是一种指路标识——当我带着孩子在雨林中穿行时，这些条纹可以为我身后的孩子指路，让它们不会走失。”

“这是谁这么不自觉？把脏东西带到会场来了，弄了我一手！”就在神秘来宾沉浸在自己的演说中时，白掌长臂猿洪亮的声音打断了它。

那神秘来宾看了看白掌长臂猿手上像沥（lì）青似的东西，又低头看了看自己的脚，开始一点点往后退。

“喂，你干吗去啊？你还没说你叫什么名字呢！”小鹈叫住这个神秘来宾。

“我的名字叫獾（huò）狐（jiā）狓（pí）。”神秘来宾一说完，猛地转身跑了。大家清晰地看到，在它小蹄子踩过的地方，留下了一些像沥青似的东西。

獾㹢狓

獾㹢狓每只蹄上的腺会分泌一种沥青样的物质，来标记它们走过的地方。同时，它们还会用尿液标记自己的领地，提醒同类不要入侵领地。

“今天的故事讲完了？”小豆丁意犹未尽地问。

“嗯，讲完了。”故事书温柔地对小豆丁说。

“明天你会讲什么故事呢？”

“给你讲讲雨林里的舞林大会吧。”

“好啊好啊！”小豆丁拍了拍手。

“不过，要想明天听故事，你要答应我一件事。”

“知道，你说吧。”

“以后你再出去游玩的时候，不要随手扔垃圾。你可以带个方便袋，把垃圾装到袋子里，找到垃圾箱再把垃圾丢掉。”说完，故事书像鸟儿一样飞回了书架。

“好的，我记住了。晚安，神奇的故事书！”

“晚安，小豆丁！”

接下来，神奇的故事书会给小豆丁讲什么有趣的雨林故事呢？请看下一册——《雨林魅影》。